APP交互设计

全流程图解

林富荣 / 著

人民邮电出版社

北 京

图书在版编目（C I P）数据

APP交互设计全流程图解 / 林富荣著. -- 北京 : 人
民邮电出版社，2018.9（2021.9重印）
ISBN 978-7-115-48007-1

Ⅰ. ①A… Ⅱ. ①林… Ⅲ. ①移动终端－应用程序－
程序设计－图解 Ⅳ. ①TN929.53-64

中国版本图书馆CIP数据核字(2018)第041729号

内 容 提 要

本书以作者十多年的软件产品经验实践为基础，结合软件系统交互设计的理论与丰富
的交互实例，全面介绍了软件交互设计的方法、工具、过程。

本书内容涉及交互设计师实际工作中的方方面面，涵盖交互设计工具、交互设计的原
型交互案例、交互设计等相关内容。

本书编写的目的是让技术人员、业务人员能明白和理解交互设计，进而做出真实的软
件系统。本书结构完整清晰，语言平实，图形易懂，带有大量交互实例，本书适合整个互
联网产品链的相关人员阅读。

◆ 著　　　　 林富荣
责任编辑　 赵　轩
责任印制　 焦志炜

◆ 人民邮电出版社出版发行　 北京市丰台区成寿寺路 11 号
邮编　100164　 电子邮件　315@ptpress.com.cn
网址　http://www.ptpress.com.cn
固安县铭成印刷有限公司印刷

◆ 开本：720×960　1/16
印张：14.5
字数：196 千字　　　　　　　　 2018 年 9 月第 1 版
印数：4 001 - 4 400 册　　　　　 2021 年 9 月河北第 7 次印刷

定价：69.00 元

读者服务热线：(010)81055410　 印装质量热线：(010)81055316
反盗版热线：(010)81055315
广告经营许可证：京东市监广登字20170147号

前言

本书将要讲述交互设计的方法、工具、过程。

- 方法：完成交互设计各项任务的设计方法。

- 工具：为方法的运用提供自动的或半自动的软件支撑环境。

- 过程：为获得高质量的软件所需要完成的一系列任务的步骤。

以往的交互设计图书大多是两种类型。

- 对交互设计基础知识的解析——概念的解析。

- 对交互设计岗位工作的描述——经验的谈论。

与以上两种类型的交互设计图书相比，本书的侧重点在下面三部分。

- 交互设计使用的工具。

- 交互设计的原型交互案例。

- 交互设计相关内容。

本书主要介绍了 APP 的基础服务类、直播系统类、电商购物类、互联网金融类、社交系统类的交互设计的案例。

本书贯穿了互联网企业不同软件产品的多种交互实例，且各交互实例均经过验证。本书内容清晰简明，图文并茂，页面和页面的交互行为分析深入浅出，能够帮助读者熟悉软件产品的交互全流程。在互联网领域，想的人多，做的人少，坚持做的人更少。因此，减少空想，提高执行力，才能有所成就。无论是打算投身于交互设计领域的新人，还是具有一定交互式工作经验，但想进一步提升水平的职场人员，都可以通过本书对交互设计有一个全解的理解和认识。

此外，本书还精心配备了 PPT 电子课件，便于老师课堂教学和学生把握知识要点。

本书特色

本书内容丰富，实例实用全面，旨在通过一本图书提供多本图书的价值效果，使读者可以全面学习各种软件产品交互设计的知识。读者可以根据自己的实际情况有选择地阅读。在内容的编写上，本书具有以下特色。

- 基础知识扎实

本书作者以学校的软件工程和项目管理等课程为基础，利用互联网行业和互联网金融行业的从业经验，整理出最符合目前软件交互设计的必备知识。掌握这些知识的读者，完全有能力规划出 APP 端的软件交互设计，带领团队开发出优秀的交互设计产品。

- 与互联网产品接轨

软件交互设计领域变幻莫测，但万变不离其宗。本书介绍了实际操作时会用到的大量交互设计工具和常用方法、过程，这些内容是为软件交互设计相关人员量身定做的。只要读者对互联网交互设计感兴趣，通过本书便可培养出互联网产品设计思维，熟悉交互设计工具和方法后，就能够成为一名交互设计师。

- 提供广阔视野

一本书无法描述交互设计的所有细节和思维，交互设计的基础知识和工具只是第一步。本书介绍交互设计工具的内容之余，还全面提供 APP 的基础服务类、直播系统类、电商购物类、互联网金融类、社交系统类软件产品交互设计相关的实例，便于交互设计师了解其他软件系统的交互设计理念提升设计思维。

- 关注综合能力

交互设计师不仅要懂技术，懂业务，还要懂拒绝。懂技术，能够把软件交互做得流畅，确保软件底层有较高的可拓展性；懂业务，能够把技术能力转为企业的盈利能力，实现从技术到盈利的顺利转化；懂拒绝，可以拒绝不合理的要求，要学会站在不同角度看待软件交互，要做到对所有用户公平、公开、公正。

本书面向读者

- 交互设计师
- （软件）产品经理

- 需求分析师

- 设计人员（UI 设计、用户体验设计）

- 前端工程师

- 开发工程师

- 测试工程师

- 运维工程师

- 运营人员

- 企业管理人员、产品总监和业务人员

- 项目经理

- 互联网风险投资人员

- 互联网爱好者

- 相关培训机构的老师和学生

勘误与联系方式

希望本书能够帮助读者从容应对互联网产品快速变化的交互设计需求，解决其中的关键问题并学会举一反三，大幅提升交互设计水平。

无论是编写人员还是出版人员，都为本书的出版做了重大贡献，旨在全面提升本书的品质，如果您发现了本书的不足，欢迎指正，我们的电子邮件地址为 189394@qq.com。

资源与支持

本书由异步社区出品，社区（https://www.epubit.com/）为您提供相关资源和后续服务。

配套资源

本书提供如下资源：

- 本书配套资源请到异步社区的本书购买页面中下载。

要获得以上配套资源，请在异步社区本书页面中点击 配套资源 ，跳转到下载界面，按提示进行操作即可。注意：为保证购书读者的权益，该操作会给出相关提示，要求输入提取码进行验证。

提交勘误

作者和编辑尽最大努力来确保书中内容的准确性，但难免还会存在疏漏。欢迎您将发现的问题反馈给我们，帮助我们提升图书的质量。

当您发现错误时，请登录异步社区，搜索到本书页面，点击"提交勘误"，输入相关信息，单击"提交"按钮即可。本书的作者和编辑会对您提交的勘误进行审核，确认并接受后，您将获赠异步社区的 100 积分。积分可用于在异步社区兑换优惠券，或者用于兑换样书或奖品。

扫码关注本书

扫描下方二维码，您将会在异步社区微信服务号中看到本书信息及相关的服务提示。

与我们联系

我们的联系邮箱是 contact@epubit.com.cn。

如果您对本书有任何疑问或建议，请您发邮件给我们，并请在邮件标题中注明本书书名，以便我们更高效地做出反馈。

如果您有兴趣出版图书、录制教学视频，或者参与图书翻译、技术审校等工作，可以发邮件给我们，或者到异步社区在线提交投稿（直接访问 www.epubit.com/selfpublish/submission 即可）。

如果您是学校、培训机构或企业，想批量购买本书或异步社区出版的其他图书，也可以发邮件给我们。

如果您在网上发现有针对异步社区出品图书的各种形式的盗版行为，包括对图书全部或部分内容的非授权传播，请您将怀疑有侵权行为的链接发邮件给我们。您的这一举动是对作者权利的保护，也是我们持续为您提供有价值的内容的动力之源。

关于异步社区和异步图书

"异步社区"是人民邮电出版社旗下 IT 专业图书社区，致力于出版精品 IT 技术图书和相关学习产品，为作译者提供优质出版服务。社区创办于 2015 年 8 月，提供超过 1000 种图书、近千种电子书，以及众多技术文章和视频课程。更多详情请访问异步社区官网 https://www.epubit.com。

"异步图书"是由异步社区编辑团队策划出版的精品 IT 专业图书的品牌，依托于人民邮电出版社近 30 年的计算机图书出版积累和专业编辑团队，相关图书在封面上印有异步图书的 LOGO。异步图书的出版领域包括软件开发、大数据、AI、测试、前端、网络技术等。

社区二维码

服务号二维码

目录

第 3 章　直播系统交互 / 045

第 1 章　简述交互设计

交互设计作为一门关注交互体验的新学科产生于 20 世纪 80 年代，由 IDEO 的一位创始人比尔·摩格理吉（Bill Moggridge）在 1984 年的一次设计会议上提出，并命名为"软面（Soft Face）"，后来改名为"交互设计（Interaction Design）"。

交互设计在于定义与人造物（即人工制造的物品）的行为方式相关的界面。交互设计的主要焦点在于行为，而不是分析事物本身，交互设计想象事物的可能行为并把一连串的界面组合起来，其目的是为广大用户的人机交互提供良好的体验。

做交互设计，最重要的是利用脑袋里的思维设计出人和人造物的对话。

交互设计的共同主题：原型界面设计、人机交互和软件开发。

本书主要使用原型界面设计讲解人和手机 APP 的交互，也称人机交互。

人机交互界面主要包括 5 个方面内容。

- 输入和输出的内容。

- 按钮显示的方式和效果。

- 声音和震动出现的场合。

- 各种失败、故障、警告、操作说明提示场合。

- 多个界面和功能的交互。

为什么需要交互设计？

因为交互设计的主要焦点在于行为，产品经理的主要焦点在于系统流程，设计师的主要焦点在于界面风格（包括字体、图标、框架、界面、排版），开发工程师的主要焦点在于编码和实现，架构师的主要焦点在于系统架构。可见每个岗位的焦点都有所区别。

目前中小企业基本都是把软件产品交互设计交给产品经理和设计师共同承担，所以做出来的软件产品一旦与人机行为相关，就需要打电话联系客服了，尽管也算是基本满足了系统流程和界面风格。

例如，某用户去银行用柜员机提现 1000 元，柜员机准备出钞票时，整个银行停电了。当用户去找客服时，人与机器之间的行为就变成人与人之间的行为。

人机交互就是人和柜员机之间的行为，因为交互焦点在人机行为。

当用户无需找客服时，银行在自动启用后备电源，让用户把 1000 元取出，或者把未取走的 1000 元自动存回柜员机。无论如何处理，也仅涉及人和柜员机之间的行为，那也进一步说明了人机交互的焦点在于行为。

所以交互设计能解决很多人机交互的行为。

交互工具：Freemind /Axure RP / Adobe After Effects / Adobe FLASH /Adobe Photoshop；

Hype3 / Pixate / Principle / Flinto/ Sketch+Silver。

交互设计从 0 到 1 分为——构思和实现，简单地说就是想和做。

交互设计的构思可分为——创意、功能、逻辑。

交互设计的实现可分为——框架布局、结构流程、细节。

对于交互设计的构思记录目前最常用的工具是 Freemind。它能够将构思的创意、功能、逻辑用思维导图的方式呈现出来，帮助设计师看清后续交互的实现。

交互设计的实现目前最常用的工具是 Axure、Adobe After Effects、Adobe Flash、Adobe Photoshop、Principle、Sketch。通过这些工具，交互设计师可以描绘出系统的框架布局、结构流程、细节。

下面来详细的介绍下这几款常用的工具。

1.1 Freemind

FreeMind、MindManager 和 XMind 等都是做得较好的思维导图软件。

思维导图又叫心智图，是表达发射性思维的有效的图形思维工具，使用简单而且效果显著。思维导图运用图文并重的技巧，把各级主题的关系用相互隶属与相关的层级图表现出来，在主题关键词与图像、图标之间建立记忆链接。思维导图充分运用左右脑的机能，利用记忆、阅读、思维的规律，协助人们在科学与艺术、逻辑与想象之间平衡发展。

思维导图是一种将放射性思考具体化的方法。放射性思考是人类大脑的自然思考方式，每一种进入大脑的资料，不论是感觉、记忆或是想法——包括文字、数字、符码、香气、食物、线条、颜色、意象、节奏、音符等，都可以成为一个思考中心，并由此中心向外发散出成千上万的节点，每一个节点代表与中心主题的一个连结，而每一个连结又可以成为另一个中心主题，再向外发散出成千上万的节点，呈现出放射性立体结构，而这些节点的连结可以视为您的记忆，也就是您的个人数据库。

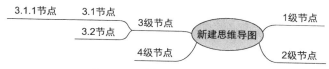

Freemind 制作的基本思维导图

如上图所示，你可以利用思维导图把想要的东西制作出来。

通常"新建思维导图"可命名为"项目的名称"，即中心主题。

一级的节点："1 级节点""2 级节点""3 级节点""4 级节点"。

二级的节点："3.1 节点""3.2 节点"。

三级的节点："3.1.1 节点"。

手机号码注册界面思维导图

从上述思维导图可见，注册界面有 5 项功能元素，设计人员可以按这 5 项元素设计。

根据判断条件，交互设计人员可以设计弹出的错误提示框界面。

设计成品案例：

交互设计师使用思维导图的工具，可以帮助自己思考，使软件交互的逻辑更便于使用。

1.2 Axure RP

Axure RP 是一个专业的快速原型设计工具。Axure（发音为 Ack-sure）代表 Axure 公司，RP 则是 Rapid Prototyping（快速原型）的缩写。

Axure RP 是美国 Axure Software Solution 公司旗舰产品，是一个专业的快速原型设计工具，让负责定义需求和规格、设计功能和界面的专家能够快速创建应用软件或 Web 网站的线框图、流程图、原型和规格说明文档。Axure RP 能快速、高效地创建原型，同时支持多人协作设计和版本控制管理。

Axure RP 的使用者主要包括商业分析师、信息架构师、可用性专家、产品经理、IT 咨询师、用户体验设计师、交互设计师、界面设计师等，另外，架构师、程序开发工程师也在使用 Axure。

使用 Axure 意味着软件产品采用原型模型驱动。

软件图标	目前较常用的版本
RP	Axure RP 6.0、Axure RP 6.5、Axure RP 7.0、Axure RP 8.0 版本

交互设计师可以使用 Axure 软件工具绘画平面化的交互图，表达软件的行为。

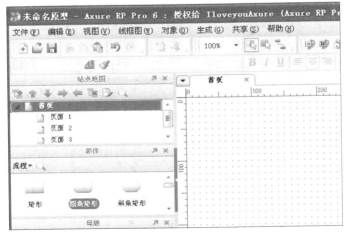

Axure RP 6.0 软件界面

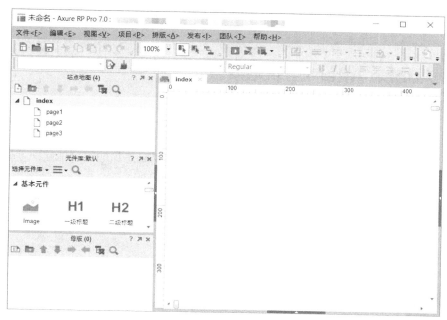

Axure RP 7.0 软件界面

Axure RP 8.0 软件界面

1.3 Adobe After Effects

Adobe After Effects 简称 AE，是一款图形视频处理软件，能够做出电影、电视、视频 Web 创作动态图形、视觉效果、特效效果。

交互设计师可以使用 AE 软件工具，将多张图做成一个动画，从而使整个软件产品团队，熟悉和深入了解产品的功能、逻辑和行为。

交互设计师可以使用 AE 制造出具有很多特效效果的动画，在呈现概念具有很好的效果，但是这一点不保证在开发应用程序时可以实现。

软件图标	目前较常用的版本
Ae	After Effects CC 2018、After Effects CC 2017、After Effects CC 2015、After Effects CS6

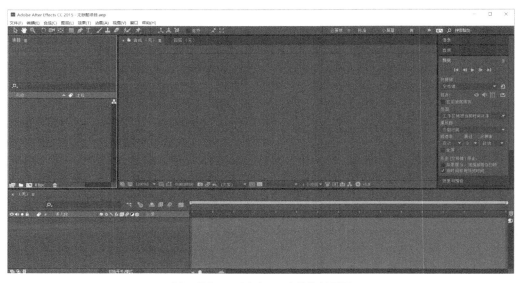

After Effects CC（Mac）的软件界面

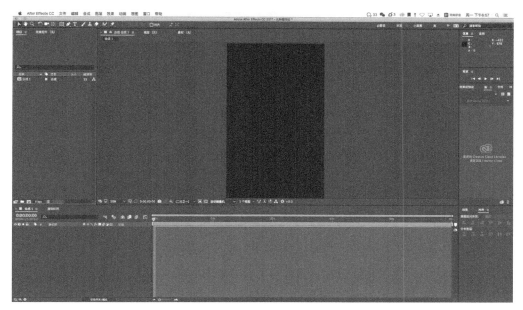

After Effects CC 2015（Windows）的软件界面

1.4　Adobe Flash

Adobe Flash 即原来的 Macromedia Flash，是一个二维矢量动画软件，能够做出二维动画、动态图形、中小型游戏。网页嵌入 *.swf 的 flash 文件后，用户便可以像浏览网页那样查看动画。

交互设计师可以使用 Flash 软件工具，做出引导型的交互设计。引导型的交互设计可以用在教学、培训、讲座、会议中。例如，可以使用 Falsh 做一个图形界面，用户点击图形的按钮后，可以去往另一个页面。每个页面下面都有一些说明，按钮出现对应的提示信息和声音。

软件图标	目前较常用的版本
Fl	Adobe Flash CC 2017、Adobe Flash CC 2015、Adobe Flash CS6

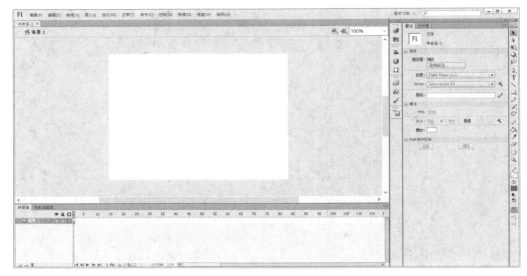

Adobe Flash 的软件界面

1.5 Adobe Photoshop

Adobe Photoshop 简称 PS，是一款图形图像处理软件工具，主要处理使用像素构成的数字图像。PS 就用在图形、图像、文字、视频、印刷出版等领域有广泛的用途。

交互设计师可以使用 PS 软件工具，做出 gif 类型的动画图片。每个 *.gif 动画由多个图片组成。打开 PS 软件后，单击"窗口"-"时间轴"，即可开始制作动画。

软件图标	目前较常用的版本
Ps	Adobe Photoshop CC 2018、Adobe Photoshop CC 2017、Adobe Photoshop CC 2015、Adobe Photoshop CS6

Adobe Photoshop 的软件界面

1.6 Principle

Principle 目前只有 Mac 版本，是一款交互设计工具，支持直接导入 Sketch 的设计资源。2017 年开始逐渐有企业使用 Sketch 和 Principle 软件工具制作软件产品的设计和原型、动效图片，两者配合即可制作高保真的原型。例如，网站系统和 APP 系统。

交互设计师可以使用 Principle 软件工具，做出动态效果的交互。该软件可以支持子向父页面、父向子页面、子页面之间添加触发事件，使得动态效果的交互图更加易懂。

软件图标	目前较常用的版本
 	Principle 3.0、Principle 3.4

Principle（MAC）的软件界面

1.7 Sketch

Sketch 目前只有 Mac 版本，是移动应用矢量绘图设计工具。使用 Sketch 能够制作出静态的设计图，用于设计输出，也可做出平面化的高保真交互设计图。Sketch 拥有大量的设计模板，支持自动切图，能节省工作时间，提高工作效率。

交互设计师可以使用 Sketch 软件工具，运用软件的插件和设计师做出的源文件，方便地做出平面化的高保真交互图。Sketch 适合用来进行网站交互设计、APP 交互设计。

软件图标	目前较常用的版本
	Sketch 4.5.2

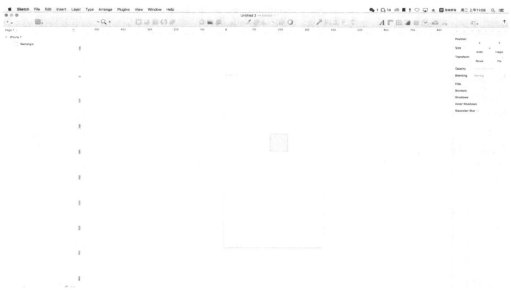

Sketch（Mac）的软件界面

第2章 基础服务交互

2.1 应用图标入口

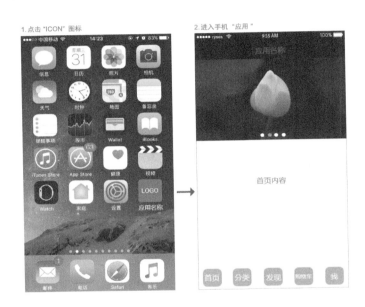

步骤详解

1. **点击"ICON"图标**：当用户安装了应用程序后，手机系统桌面上会显示您的应用程序，包括应用名称和图标。

2. **进入手机"应用"**：当用户点击桌面上的应用程序的图标后，即进入应用程序的首页界面。

2.2 清除缓存

步骤详解

1. 查看缓存：当用户在浏览页面时，会生成缓存内容，缓存会占用容量；图上 128M 即表示缓存已经占用了 128MB 的容量。

2. 需要确认清除缓存：用户点击"清理缓存"按钮后，会弹出提示框"是否确认清除缓存"。

3. 清理缓存成功：用户点击"确认"按钮后即清理缓存，清理缓存成功后缓存为 0 M，即 128MB 的容量释放出来。

2.3 清除数据

步骤详解

1. **查看数据占用空间**：一般 APP 系统将此功能放在"我"-"设置"-"系统设置"模块里。

2. **查看每个用户所占存储空间**：点击"清理数据"按钮后，系统会显示登录用户与每个用户聊天的数据占用空间（一般由语音、图片、文本、字符组成）。每一个沟通的用户都拥有一个独立的数据包。

3. **选中需要删除的用户存储数据**：选中一个或多个数据后，"删除"按钮可用。点击"全选"按钮，即把所有的数据选中。

4. **确认清除数据**：点击"删除"按钮后，显示提示框"是否确认清除数据。清除数据不可恢复！"，"取消"则返回"3.选中需要删除用户的存储数据"。"确认清除"则开始清除数据。

5. **正在清除大量数据，需要等待**：由于数据量大，并且需要与数据库连接，数据库需要花一些时间来清除数据，所以显示"请等待"提示框。

6. **清除数据成功**：当清除数据成功后，显示类似"已清除数据 600.11M"的提示框。

2.4 滑动调节

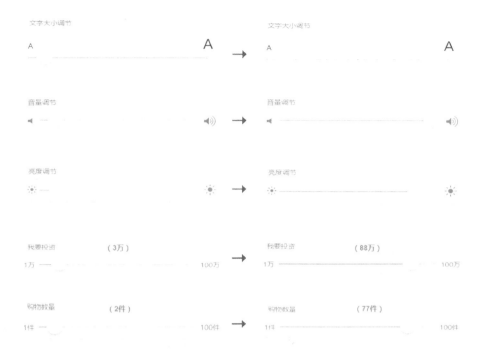

滑动调节：可以用于"文字大小调节"，向左滑动则文字变小，向右滑动则文字变大；可以用于"音量调节"，向左滑动则音量变小，向右滑动则音量变大；可以用于"亮度调节"，向左滑动则亮度变暗，向右滑动则亮度变亮；可以用于"我要投资"，向左滑动则金额变小，向右滑动则金额变大；可以用于"购物数量"，向左滑动则数量变小，向右滑动则数量变大。

2.5 数据读取

步骤详解

1. **数据读取中**：当打
   开页面后，显示数
   据暂时未读出的界
   面图。

2. **数据读取成功**：当
   数据读取成功，显
   示出数据的界面
   图。

3. **数据读取失败，**
   需手动刷新：当数
   据读取失败，页面
   显示"刷新"按钮。用户点击"刷新"按钮，则刷新数据。

步骤详解

1. **数据读取中**：当打
   开页面后，显示数
   据暂时未读出的界
   面图。

2. **数据读取成功**：当
   数据读取成功，显
   示出数据的界面
   图。

3. **数据读取失败，**
   需手动刷新：当数
   据读取失败，页面
   显示"刷新"按钮。用户点击"刷新"按钮，则刷新数据。

这里第 1 种和第 2 种的数据读取方式的区别如下。

- 从读取数据的方式：1. 先取框架，后读取内容；2. 同时读框架和内容。

- 从显示数据的方式：1. 图片读到一部分，先显示模糊的图片，图片读完，显示整张清晰的
图片；2. 图片读到一部分，不显示图片，图片读完，显示整张清晰的图片。

这两种方式都属于交互体验，在网络足够快的情况下，它们看起来是一致的。

2.6　支付的交互

步骤详解

1. **输入金额**：用户输入金额、选择支付方式、勾选服务协议的界面图。

2. **准备购买**：输入数据完成后，点击步骤1中的"完成"按钮则显示此界面图，可见下方的"买入"按钮。

3. **等待中**：勾选同意《服务协议》点击下方的并"买入"按钮后，显示"请等待"的界面图；待数据提交至服务器。

4. **输入支付密码**：数据提交给服务器后，需要用户输入支付密码验证。

5. **支付扣款中**：输入支付密码后，服务器需验证密码是否正确，密码正确则数据库会扣款。

6. **购买支付完成**：扣款成功后，显示"支付完成"的界面图；一般收款方需要让支付方知识的内容包括商品信息、付款时间、支付方式、成交单号。

7. **成功购买**：点击"完成"按钮后，显示成功购买的界面图。一般显示付款时间和预计到货时间。

3.1 **显示多个协议**：点击"服务协议后"，显示多个协议的选择框界面图。

3.2 **协议内页**：点击"协议1"后，显示协议内页的界面图。一般包括标题和内容。

2.7 意见反馈

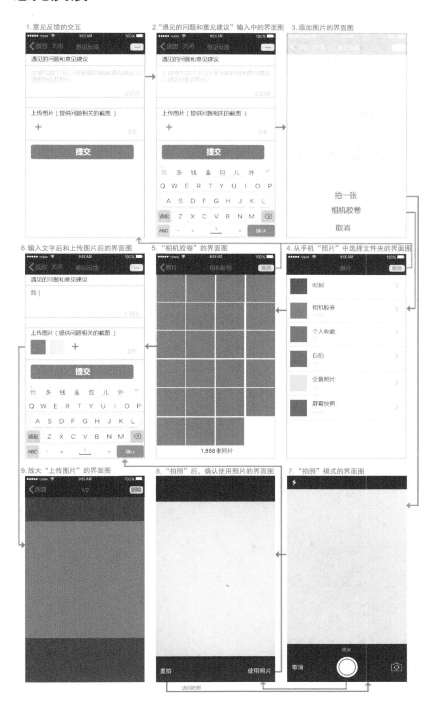

步骤详解

1. **意见反馈的交互**：显示"遇见的问题和意见建议"和"上传图片"的意见反馈界面图。

2. **"遇见的问题和意见建议"输入中的界面图**：点击"遇见的问题和意见建议"输入框后，显示键盘的界面图。

3. **添加图片的界面图**：点击"+"按钮后，显示的界面图。功能有"拍一张""相机胶卷""取消"。

4. **从手机"照片"中选择文件夹的界面图**：显示您手机的文件夹的界面图。

5. **"相机胶卷"的界面图**：显示文件夹"相机胶卷"的界面图；查看到所有图片的缩略图。

6. **输入文字后和上传图片后的界面图**：输入文字后和上传图片后，显示文字和图片，并且"提交"按钮可用。

7. **"拍照"模式的界面图**：点击下方白色小圆点"拍一张"按钮后显示的拍照模式界面图。

8. **"拍照"后，确认使用照片的界面图**：拍照完成后，用户可以选择"重拍"或"使用照片"的选项。

9. **放大"上传图片"的界面图**：点击上传的缩略图后显示的大图片。向右滑动显示下一张图片。

2.8　多国语言

步骤详解

1. **"多语言"的界面图**：通常在手机"设置"–"多语言"下面显示的"多语言"界面图；图1为多语言的截图。

2. **切换语言的界面图（可以"保存"）**：当切换选择另一个语言时，"保存"按钮可用的界面图。

3. **点击"保存"按钮后，保存中的界面图**：点击"保存"后，显示的"保存中"的界面图。

4. **数据库反馈，"保存成功"的界面图**：待数据库保存成功后，弹出"保存成功"的提示框。

5. **切换语言成功，返回多语言设置的界面图**：语言切换成功后，多语言设置页面显示设置的新语言。

6. **切换成功，系统所有的语言为英语的界面图**：多语言切换成功，显示目前使用的语言和所有语言页面。

2.9 登录设备管理

1. "登录设备管理"的界面图
2. "设备详情"的界面图
3. "变更设备名称"的界面图
4. 手指向右滑动栏目的效果
5. 点击"删除"按钮的效果
6. "删除"成功提示的效果图

步骤详解

1. **"登录设备管理"的界面图**：显示曾经登录过设备的手机和计算机。最近登录设备，你可以选择删除列表中的设备，删除列表设备后，登录系统时需要身份验证。

2. **"设备详情"的界面图**：点击某个硬件设备后，点击加"cloudy 的 iphone 7"后显示设备详情的界面图。

3. **"变更设备名称"的界面图**：点击"设备名称"后，显示变更设备名称的界面图。

4. **手指向右滑动栏目的效果**：选择某个设备，手指向右滑动，显示"删除"的按钮。

5. **点击"编辑"按钮的效果**：点击图4的"编辑"按钮后，图5所有的设备显示"删除"的按钮。

6. **"删除"成功提示的效果图**：点击步骤5中的"删除"按钮后，显示"删除成功"的提示框。

2.10　关于

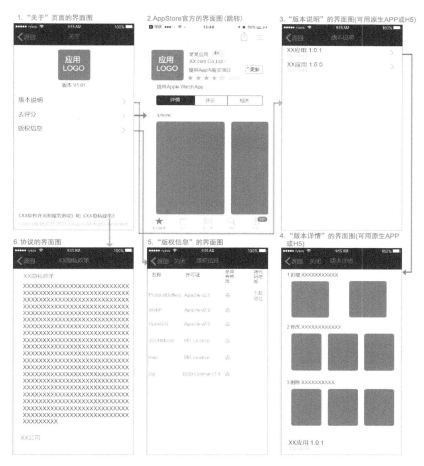

步骤详解

1. **"关于"页面的界面图**：一般应用程序都会有"关于"的界面，包括应用 LOGO、版本说明、去评分、版权信息。

2. **Appstore 官方的界面图（跳转）**：点击步骤 1 中的"去评分"按钮后，跳转至 AppsTore 的官网的应用下载页面。

3. **"版本说明"的界面图（可用原生 APP 或 H5）**：点击步骤 1 中的"版本说明"按钮后，显示版本说明的界面；目前有的企业会使用原生 APP 或 H5 开发版本说明的页面。

4. **"版本详情"的界面图（可用原生 APP 或 H5）**：点击步骤 3 中后，显示此版本的详情。

5. **"版权信息"的界面图**：点击步骤 1 中的"版权信息"按钮后，显示的版权信息页面。

6. **协议的界面图**：点击步骤 1 中的"××隐私政策"后，显示的文本协议界面图。

2.11 手机号注册（方法一）

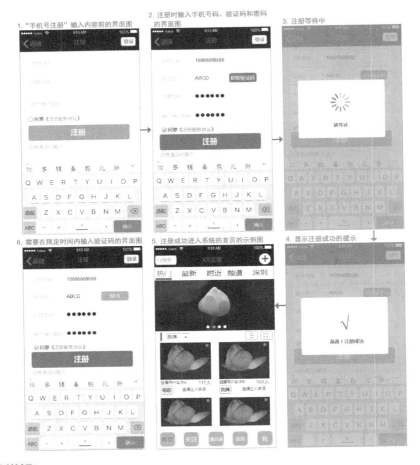

步骤详解

1. **"手机号注册"输入内容前的界面图**：注册页面的界面图，在未输入数据时，"注册"按钮不可用。

2. **注册时输入手机号码、验证码和密码的界面图**：注册输入数据后，"注册"按钮可用。

3. **注册等待中**：点击步骤 2 中的"注册"按钮后，显示请等待的界面图。

4. **显示注册成功的提示**：当注册成功，显示提示框"恭喜！注册成功"。

5. **注册成功进入系统的首页的示例图**：注册成功则直接进入应用程序的首页（也有应用程序注册成功后直接进入登录页面）。

6. **需要在限定时间内输入验证码的界面图**：验证码倒计时的页面，需要在限定时间内输入可见第二行"验证码"显示等待60秒倒计时。

2.12 手机号注册（方法二）

步骤详解

1. "使用短信验证码登录"的界面图：选定国家，自动显示手机代码，输入手机号即可。

2. 输入手机号码后的界面图：选定国家 / 地区并输入手机号码后，"下一步"按钮可用的界面图。

3. "选择国家 / 地区"的界面图：点击步骤 1 中的"国家 / 地区"按钮显示的界面图。

4. "选择国家 / 地区"–"搜索"的界面图：点击搜索栏目后，显示的界面图。

5. 在限定时间内输入验证码的界面图：点击步骤 2 中的"下一步"按钮后，显示的短信验证码已发送的界面图。

6. 输入验证码后的界面图：输入手机上收到的验证码后，"确认"按钮可点击的界面图。

7. 填写个人信息前的界面图：点击"确认"按钮后，显示填写个人信息的界面图。

8. 填写个人信息后的界面图：点击输入框后，输入内容的界面图。

9. 验证中的界面图：点击"注册"按钮后，与数据库连接，显示提示框"验证中"的界面图。

2.13　手机号码变更（单向确认）

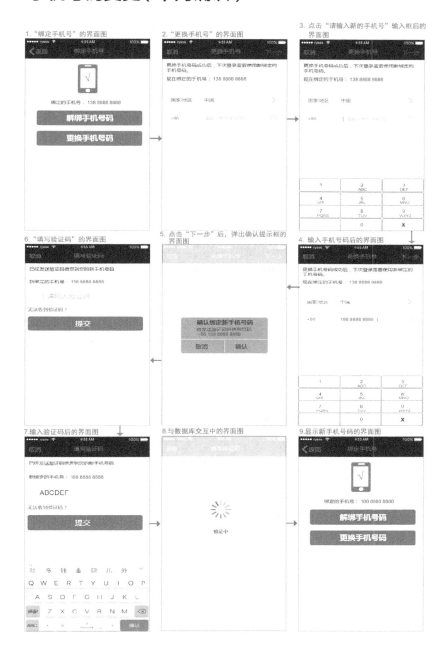

步骤详解

1. "绑定手机号"的界面图：进入"绑定手机号"的界面图，可以"解绑手机号码"和"更换手机号码"。

2. "更换手机号"的界面图：点击"更换手机号码"按钮后，显示更换手机号的界面图。

3. 点击"请输入新的手机号"输入框后的界面图：点击"请输入新的手机号"输入框后，弹出的数字键盘界面图。

4. 输入手机号码后的界面图：选择国家 / 地区和输入手机号码后，显示的界面图。

5. 点击"下一步"后，弹出确认提示框的界面图：当手机号码位数足够，自动或者点击"下一步"按钮进入"确认绑定新手机号码"的提示框界面图。

6. "填写验证码"的界面图：点击步骤 5 "确认"按钮后，显示的填写验证码界面图。

7. 输入验证码后的界面图：输入手机上的验证码后，显示的界面图。

8. 与数据库交互中的界面图：点击"提交"按钮后，显示的验证中的界面图；主要用于时间程序和数据库验证验证码，更换手机号码。

9. 显示新手机号码的界面图：更换手机号码成功后，绑定的手机号码为新的手机号码。

2.14　手机号码变更（双向确认）

步骤详解

1. **"绑定手机号"的界面图**：进入"绑定手机号"的界面图，可以"解绑手机号码"和"更换手机号码"。

2. **"更换手机号"的界面图**：点击"更换手机号码"按钮后，显示更换手机号的界面图。

3. **点击"请输入新的手机号"输入框后的界面图**：点击"请输入新的手机号"输入框后，弹出的数字键盘界面图。

4. **输入手机号码后的界面图**：选择国家／地区和输入手机号码后，显示的界面图。

5. **点击"下一步"后，弹出确认提示框的界面图**：当手机号码位数足够，自动或者点击"下一步"按钮进入"确认绑定新手机号码"的提示框界面图。

6. **"填写验证码"的界面图**：点击"确认"按钮后，显示的填写验证码界面图。需要输入旧手机号码的验证码和新手机号码的验证码。

7. **输入验证码后的界面图**：输入手机上的验证码后，显示的界面图。

8. **与数据库交互中的界面图**：点击"提交"按钮后，显示的验证中的界面图；主要用于时间程序和数据库验证验证码，更换手机号码。

9. **显示新手机号码的界面图**：更换手机号码成功后，绑定的手机号码为新的手机号码。

2.15　邮箱注册（无需验证）

步骤详解

1. **"注册"输入内容前的界面图**：注册时显示的界面图。

2. **注册时输入邮箱账号和密码的界面图**：注册输入数据后显示的界面图。这里注意，如果是在需要验证邮箱的情况下，则会要求输入邮箱收的验证码。

3. **注册中的界面图**：点击"注册"按钮后，显示的连接中的界面图。

4. **注册错误的界面图**：注册错误显示的提示框。

5. **注册成功则进入系统首页的示例图**：注册成功，则直接进入系统的首页，此图为示例。

6. **"注册服务协议"的界面图**：点击步骤 1 中的"注册服务协议"按钮后，显示的注册服务协议。

2.16 邮箱登录

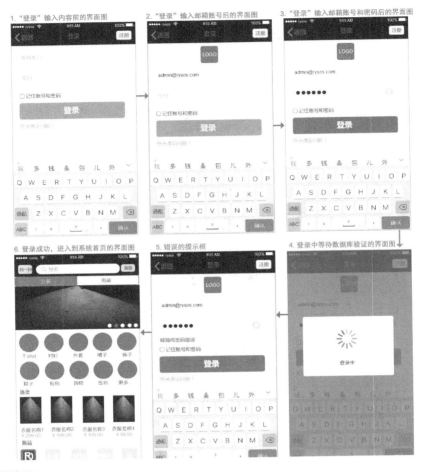

步骤详解

1. **"登录"输入内容前的界面图**：在没有输入内容时，显示的界面图；"登录"按钮不可用。

2. **"登录"输入邮箱账号后的界面图**：输入邮箱账号后，显示头像的LOGO。

3. **"登录"输入邮箱账号和密码后的界面图**：输入邮箱账号和密码后，"登录"按钮可用，显示的界面图。

4. **登录中等待数据库验证的界面图**：点击"登录"后，显示的登录中的界面图，为账号和密码与数据库验证的等待时间。

5. **错误的提示框**：当验证失败时，提示用户邮箱账号或密码错误的提示界面图。

6. **登录成功，进入系统首页的界面图**：当验证成功时，则进入应用程序的首页界面。

2.17　短信验证码登录

步骤详解

1. **"使用短信验证码登录"的界面图**：使用短信验证码登录的界面图中，国家／地区未选择和手机号码未输入完整时，"下一步"按钮不可用。

2. **输入手机号码后的界面图**：已选择国家／地区和已输入手机号码后，"下一步"按钮可用。

3. **"选择国家／地区"的界面图**：点击"国家／地区"，可以选择国家／地区的界面图。

4. **"选择国家／地区"－"搜索"的界面图**：点击"搜索"框，弹出键盘的界面图。

5. **在限定时间内输入验证码的界面图**：点击步骤 2 中的"下一步"按钮后，显示的界面图。用户需要在限定的时间内输入验证码。

6. **输入验证码后的界面图**：需要在验证码限定时间内输入验证码，并点击"确认"按钮。

2.18 银行卡绑卡

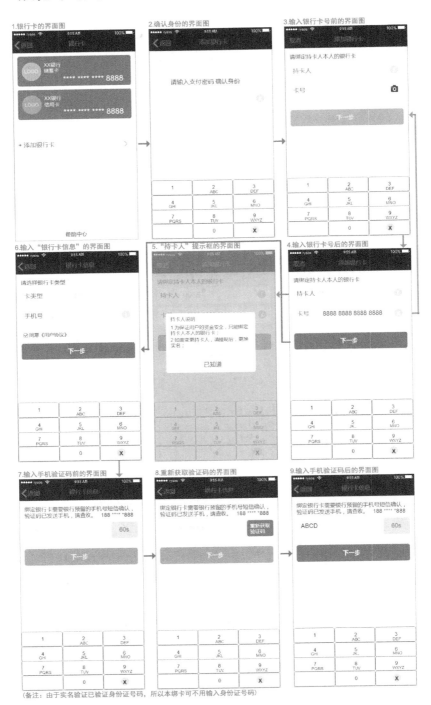

(备注：由于实名验证已验证身份证号码，所以本绑卡可不用输入身份证号码)

步骤详解

1. **银行卡的界面图**：显示已绑定的银行卡，还可添加新的银行卡。

2. **确认身份的界面图**：点击步骤 1 中的 "添加银行卡" 按钮后，需要用户输入支付密码，以确认身份。

3. **输入银行卡号前的界面图**：输入支付密码后，即可输入新的银行卡号（也可从相机扫描实物卡读取卡号）。

4. **输入银行卡号后的界面图**：输入卡号后，步骤 4 中卡号下边的 "下一步" 按钮可用。

5. **"持卡人" 提示框的界面图**：点击 "持卡人" 右边的 "！" 按钮后，显示的持卡人说明。

6. **输入 "银行卡信息" 的界面图**：点击步骤 4 中的 "下一步" 按钮后，需要输入该银行卡绑定的手机号。

7. **输入手机验证码前的界面图**：点击步骤 6 中的 "下一步" 按钮后，手机将收到验证码，在限定的时间内输入验证码。

8. **重新获取验证码的界面图**：在限定的时间内，没有输入正确的验证码，则验证码失效。用户可以点击 "重新获取验证码"。

9. **输入手机验证码后的界面图**：在限定的时间内，输入手机的验证码后，即可点击 "下一步" 按钮。

2.19 银行卡解除绑卡

步骤详解

1. **银行卡的界面图**：需要解绑银行卡，那就需要进入已绑银行卡的页面。

2. **"银行卡详情"的界面图**：点击步骤 1 中已绑定的银行卡，即可查看此银行卡详情例如第 1 张储蓄卡。

3. **解绑银行卡，确认身份的界面图**：点击步骤 2 中的"解绑银行卡"的按钮后，显示"请输入支付密码，确认身份"的验证界面。

4. **支付密码错误的界面图**：输入支付密码错误，显示的提示框界面图。

5. **支付密码正确，解绑成功的界面图**：输入支付密码成功，则解绑成功，显示解绑成功。

6. **解绑成功，用户页面减少银行卡的界面图**：解绑银行卡后，在已绑银行卡页面已经没有了已解绑的银行卡。

2.20　帮助中心

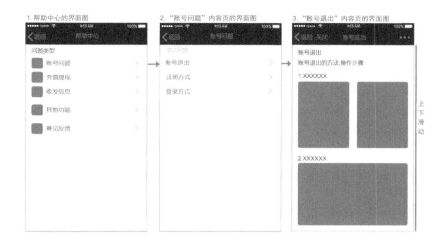

1. 帮助中心的界面图
2. "账号问题"内容页的界面图
3. "账号退出"内容页的界面图

步骤详解

1. **帮助中心的界面图**：帮助中心通常有个"问题类型"页；其下通常分为账号问题、充值提现、收发信息、其他功能、意见反馈几部分。

2. **"账号问题"内容页的界面图**：点击某个"问题类型"，再点击"账号问题"显示"常见问题"的列表。

3. **"账号退出"内容页的界面图**：点击步骤 2 中的某个"常见问题"的列表里的具体问题，显示详细的内容；查看内容，可以上下滑动。

后台管理模块，运营人员可以增加问题类型，在问题类型下可以增加子问题，在子问题下可以创建内容。那么帮助中心的后台就基本满足了。

2.21 验证码按钮状态的效果图

步骤详解

1. **输入手机号码前，不显示"验证码"输入框**：进入注册模块，用户没有输入手机号码，不显示"验证码"输入框的界面图。

2. **输入手机号码后，显示"获取验证码"按钮**：在用户输入手机号码后，显示"获取验证码"的输入框，点击"获取验证码"则手机上获得验证码。

3. **已获取验证码，在限定时间内输入验证码的显示**：在限定的时间内，需要输入验证码、创建密码和再次确认密码。运营管理后台一般可以设置验证码时长，以秒为单位，输入 120，则限定用户需在 120 秒内输入验证码。

4. **在限定的时间没有输入验证码，显示"重新获取"按钮**：验证码按钮显示为"重新获取"。

5. **"获取验证码"和"重新获取"的提示框**：点击步骤 2 中的"获取验证码"按钮或步骤 4 中的"重新获取"按钮会弹出提示框"已发送成功"。

2.22　时间显示状态的效果图

步骤详解

1. 好友发布后：0 秒至 30 秒，状态显示"刚刚"。

2. 好友发布后：31 秒至 60 秒，状态显示"1 分钟前"。

3. 好友发布后：61 秒至 120 秒，状态显示"2 分钟前"。

4. 好友发布后：59 分钟至 60 分钟，状态显示"1 小时前"。

5. 好友发布后：22 小时至 23 小时，状态显示"23 小时前"。

6. 好友发布后：23 小时至 24 小时，状态显示"昨天"。

7. 好友发布后：24 小时后，显示详细的日期和时间。

8. 好友发布后：24 小时后，显示详细的日期和时间。

也有的企业制定所有的状态都为显示详细的日期和时间。

以上是时间状态显示的规则，仅供参考。

2.23 切换框架的方式

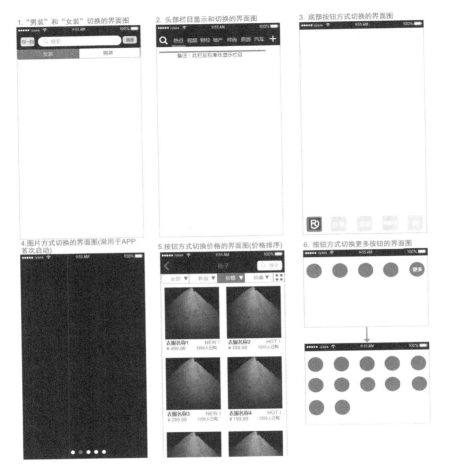

步骤详解

1. **"男装"和"女装"切换的界面图**：这种切换方式适合分类较少的场合。

2. **头部栏目显示和切换的界面图**：这种切换方式适合分类较多的场合，如：新闻类、购物类。

3. **底部按钮方式切换的界面图**：应用程序底部通常会留 4 ~ 5 个常用按钮，使用户切换方便。

4. **图片方式切换的界面图（常用于 APP 首次启动）**：通常刚安装好一个应用程序，会显示多个图片让用户简要了解。

5. **按钮方式切换价格的界面图（价格排序）**：按钮方式也可以用于排序，比如价格排序、销量排序、发布时间排序等。

6. **按钮方式切换更多按钮的界面图**：栏目只放 5 个按钮，其中前 4 个为常用按钮，最后一个显示按钮"更多"；点击"更多"按钮则显示所有功能按钮。

2.24　消息撤回

步骤详解

1. 消息显示的界面图：通常与用户沟通、与客服沟通、社交的场合都可以使用。

2. 长按内容［60 秒（含）前发送的消息］的界面图：你自己发送的消息，长按（60 秒前）自己发的消息，显示功能栏；通常功能有复制、转发、删除、收藏、撤回。

3. 长按内容（60 秒后发送的消息）的界面图：自己发送的消息，长按（60 秒后）自己发的消息，显示功能栏；通常功能有复制、转发、删除、收藏；超过限定时间无法撤回自己发送的消息。

4. 点击"撤回"按钮后，显示提示框的界面图：显示提示框"确认要撤回此信息吗？"，点击"确认"则消息撤回；点击"取消"则消息不撤回。

5. 超出 60 秒后点击"确定"，提示框的界面图：当在"确认要撤回此信息吗？"页面停留时间超出限定时间，再点击"确定"撤回按钮，则提示"信息发送已经超过 60 秒，无法撤回"。

6. 信息撤回与数据库交互的界面图：信息撤回需要与数据库链接，"信息撤回中"的界面图显示给用户查看和等待。

7. 成功撤回信息的界面图：消息撤回成功，则此消息你和所有的用户不可见；注意事项：系统后台管理也可能会保留已撤回的消息。

8. 收藏成功显示提示框的界面图：当用户点击"收藏"，则显示"恭喜！收藏成功"。并且此信息内容进入收藏夹。

9. "复制"成功，可以"粘贴"复制的内容：当点击"复制"内容后，则可以双击输入框，弹出"粘贴"功能，点击"粘贴"可以把复制的内容显示出来。

2.25　手机充值

步骤详解

1. **"代充值"的界面图**：代充值指可以帮其他用户充值，可以从通讯录找到朋友的手机号码；进入手机充值的界面可以查看到购买金额和到账金额。

2. **"通讯录"的界面图**：点击"通讯录"按钮后，显示通讯录的所有联系人，需要用户开启通讯录访问权限。

3. **"请等待"的界面图**：当用户输入或选择通讯录的手机号码，选择充值的话费，即进入"请等待"的界面，数据提交给数据库，等待数据库反馈。

4. **输入支付密码的界面图**：用户确认金额，并验证支付密码，选择支付方式。

5. **输入密码后，支付中的界面图**：输入密码后，数据则提交给数据库验证；显示"支付中"。

6. **"充值成功"的界面图**：充值成功，显示充值成功的界面。显示充值金额和到账金额。

2.26　本章总结说明

本章"基础服务交互"主要把各种系统通用的功能，采用人和系统交互的图形方式说明和描述。

通用的基础服务功能包括清除缓存、清除数据、滑动调节、数据读取、支付的交互、意见反馈、多国语言、登录设备管理、关于、手机号注册、手机号码变更、邮箱注册、短信验证码登录、银行卡绑卡、银行卡解除绑卡、帮助中心、验证码按钮状态、时间显示状态、常用切换框架、消息撤回、手机充值等功能。

清除缓存：当用户浏览 APP 应用页面需要读取数据时，应用程序首先从缓存中查找需要的数据，如果查找到则直接执行，无法找到就会从内存中查找。只要读取过一次，数据便会保存在缓存。清除缓存就是清除这些浏览过的缓存数据。

清除数据：在应用程序里，用户与用户之间产生的互动（如：传送文件、传送文字数据），清除数据就是把这些数据清除掉。

作者每次做系统都需要做这些基础服务功能，发现基础服务功能的交互和系统流程均可以用在任何系统上。决定整理出基础服务功能，便于日后做这些功能节省时间。

期望读者以后做基础功能的交互也可以节省更多的时间，不需要每次做这些基础服务功能，都花大量时间调研和试用竞争对手的 APP 就用程序，基础服务功能通常指系统必须要具备的功能，如电商系统、直播系统、团购系统、互联网金融系统、社交系统、银行系统、证券系统、保险系统、项目管理系统等都需要这些基础功能。本书只需要改动少量交互内容，即可便于设计人员设计和开发工程师编码。

第 3 章　直播系统交互

3.1　直播主要框架

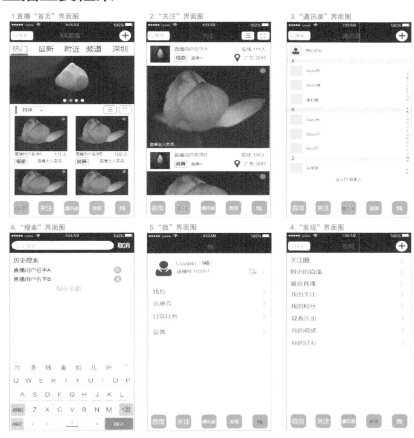

步骤详解

1. 直播"首页"界面图：用户进入系统后，一般在首页。在这里查看到直播系统的重要信息。

2. "关注"界面图：用户对直播用户的关注，你感兴趣的直播主正在直播，在此页面即可查看。

3. "通讯录"界面图：开启通讯录，社交即可更加便捷。在本页面可以查看到好友的账号。

4. "发现"界面图：通常功能有关注圈、附近的直播、最新直播、我的关注、我的粉丝、观看历史、我的视频等内容，详细可见步骤 4 中的界面图。

5. **"我"界面图**：通常功能有个人信息、钱包、优惠券、日常任务、设置等，详细可见步骤5 的图。

6. **"搜索"界面图**：点击步骤1中的"搜索"框，则显示搜索页面。页面里显示历史搜索的内容。

3.2 首页"+"添加好友的交互

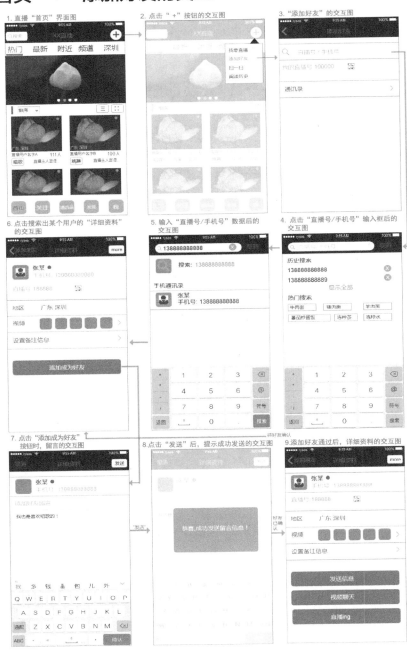

步骤详解

1. 直播"首页"界面图：首页有添加直播用户为好友的入口。

2. 点击"+"按钮的交互图：点击步骤 1 中的"+"按钮后，显示功能菜单，常见功能有"我要直播""添加好友""扫一扫""阅读历史"。

3. "添加好友"的交互图：点击步骤 2 中的"添加好友"按钮后，显示"添加好友"的界面图；用户可以输入好友的直播号 / 手机号，也可以从通讯录里选择。

4. 点击"直播号 / 手机号"输入框后的交互图：点击步骤 3 中的输入框"直播号 / 手机号"后，需要手动输入"直播号 / 手机号"。

5. 输入"直播号 / 手机号"数据后的交互图：输入"直播号 / 手机号"后，如果输入的手机号码与通讯录的手机号码能匹配上，那么"手机通讯录"的信息就显示出来。

6. 点击搜索出某个用户的"详细资料"的交互图：点击步骤 5 中的用户头像，显示用户的详细资料。可见按钮"添加成为好友"，这表示此界面图为未添加搜索到用户为好友的界面图。

7. 点击"添加成为好友"按钮时，留言的交互图：点击步骤 6 中的"添加成为好友"按钮后，显示添加好友留言的界面图。输入留言，让对方添加你。

8. 点击"发送"后，提示成功发送的交互图：发送留言成功后，显示提示框"恭喜，成功发送留言信息！"

9. 添加好友通过后，详细资料的交互图：当用户与你成为好友后，可见按钮从"添加成为好友"变更为"发送信息""视频聊天""直播 ing"，表示此界面图为已经添加用户为好友的界面图。

3.3 "我要直播"的申请交互

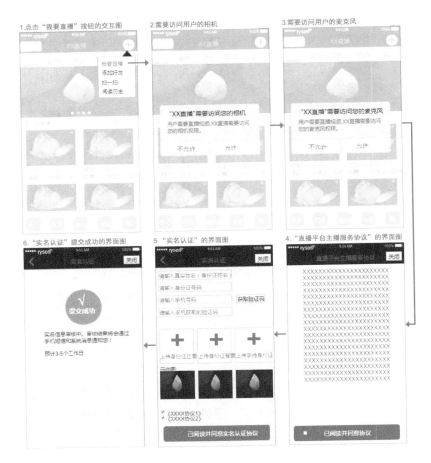

步骤详解

1. 点击"我要直播"按钮的交互图：用户想成为直播主，需要点击"我要直播"按钮。

2. 需要访问用户的相机：需要用户开启相机的访问权限。开启后直播时即可使用手机的摄像头。

3. 需要访问用户的麦克风：需要用户开启麦克风权限。开启后直播时即可使用你手机的麦克风，看直播的用户即可听到你说话的声音。

4. "直播平台主播服务协议"的界面图：用户需要勾选"已阅读并同意协议"，"表示认同并遵守直播平台主播服务协议"。

5. "实名认证"的界面图：用户需要实名认证，填写实名、身份证号码、手机号码、手机验证码、上传身份证文件、勾选协议等。

6. "实名认证"提交成功的界面图：当用户提交数据后，显示"提交成功"的界面图。

3.4 "我要直播"通过审核后的直播交互

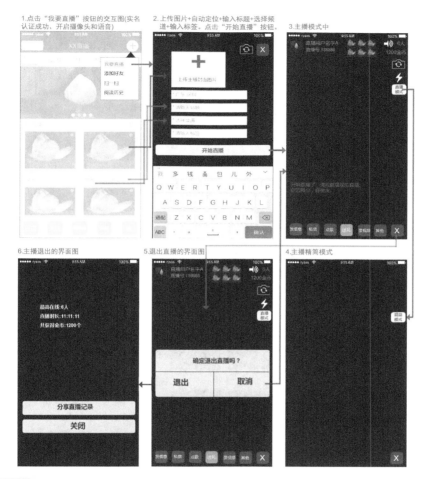

步骤详解

1. 点击"我要直播"按钮的交互图（实名认证成功、开启摄像头和语音）：企业审核通过后，用户即可以直播了。

2. 上传图片 + 自动定位 + 输入标题 + 选择频道 + 输入标签，点击"开始直播"按钮：用户可以拍一张图片或从相册找一张图片上传，开播后用户通过上述信息找到您的直播房间。

3. 主播模式中：点击步骤 2 中的"开始直播"按钮，用户能够查看到您直播的界面图。

4. 主播精简模式：在步骤 3 中，主播从左向右滑动屏幕后，则进入步骤 4 的主播精简模式。

5. 退出直播的界面图：点击步骤 3 中的"×"按钮后，显示提示框"确认退出直播吗？"。

6. 主播退出的界面图：在步骤 5 点击"退出"按钮后，显示本次直播最高在线人数、直播时长、共获得金币数量，还可以把直播的录像分享出去。

3.5 "关注"页面详细的交互

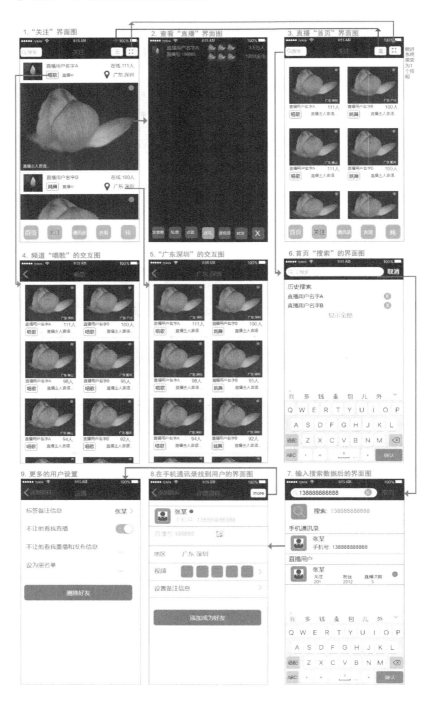

步骤详解

1. **"关注"界面图**：点击 "关注" 按钮后，显示关注的页面；内容为所关注用户的头像、名称、在线人数、地区、直播类型、直播的缩略图等信息。

2. **查看 "直播" 界面图**：点击步骤 1 中直播的 "缩略图" 按钮后，显示直播的页面；内容包括用户的头像、名称、直播号；功能包括发信息、私信、点歌、送礼、录视频、转发、关闭等。

3. **直播 "首页" 界面图**：点击步骤 1 中的多图按钮，显示多图模式，每行显示两个直播中的用户。每个用户的内容包括缩略图、标题、地区、在线人数、类型、直播主描述的标签。

4. **频道 "唱歌" 的交互图**：点击步骤 1 中的类型 "唱歌"，则显示所有唱歌的直播主用户。

5. **"广东深圳" 的交互图**：点击步骤 1 中的地区 "广东　深圳"，则显示所有广东深圳的直播主用户。

6. **首页 "搜索" 的界面图**：点击步骤 3 中的 "搜索" 按钮，则进入搜索的页面；用户可以直播点击历史搜索的内容快速进行搜索。

7. **输入搜索数据后的界面图**：用户在搜索栏输入手机号码后，手机通讯录也显示此号码的用户名，直播用户显示用户名及其关注量、粉丝量、直播次数等信息。

8. **在手机通讯录找到用户的界面图**：点击用户的头像后，显示用户的 "详情资料"。

9. **更多的用户设置**：点击步骤 8 的 "more" 按钮后，显示的内容包括 "标签备注信息""不让他看我直播""不让他看我重播和发布信息""设为黑名单""删除好友" 等内容。

3.6 直播中的详细交互

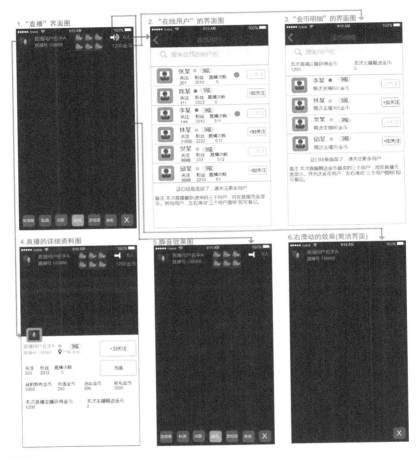

步骤详解

1. **"直播"界面图**：点击直播主的缩略图后，则进入直播的页面。

2. **"在线用户"的界面图**：点击步骤1中的"在线人数"按钮后，显示在线用户的界面图；每个用户的内容包括用户的头像、名称、等级、关注人数、粉丝人数、直播次数、是否在线、是否已关注、搜索在线的用户名等。

3. **"金币明细"的界面图**：点击步骤1中的"金币数"，显示金币明细的界面图。内容包括本次直播主播获得金币、本次主播赠送金币。

4. **直播的详细资料图**：点击步骤1中的"头像"后，则显示主播的详细资料。

5. **静音效果图**：点击步骤1中的"小喇叭"按钮后，则进入静音模式。

6. **右滑动的效果（简洁界面）**：用户在步骤1中的屏幕上从左向右滑动，则进入简洁模式。

3.7 直播中的"发信息"交互

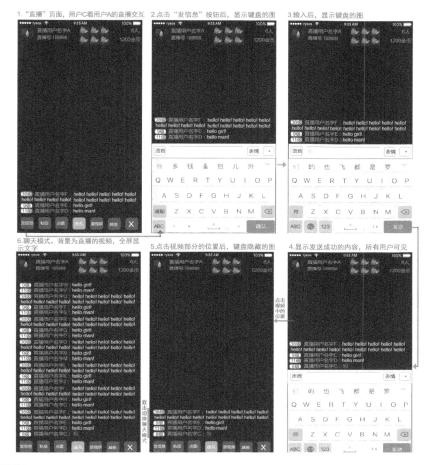

步骤详解

1. **"直播"页面，用户C看用户A的直播交互**：用户C需要给用户A发信息的入口页面。

2. **点击"发信息"按钮后，显示键盘的图**：点击步骤1中的"发信息"按钮后，则显示键盘的聊天界面。

3. **输入后，显示键盘的图**：用户可以输入文字，可以发送语音、表情，还可以使用"+"的更多功能。

4. **显示发送成功的内容，所有用户可见**：发送信息成功，则用户（看到自己的信息）颜色与其他用户不同。

5. **点击视频部分的位置后，键盘隐藏的图**：发完信息，隐藏键盘的界面图。

6. **聊天模式，背景为直播的视频，全屏显示文字**：双击聊天的文字，则显示全屏聊天。

3.8 直播中的"私信"交互

步骤详解

1. 直播中的"私信"交互：给用户发私信，需要先进入入口页面。

2. 点击"私信"按钮后，输入需发送的信息的图：在步骤 1 中的直播页面，点击私信，弹出与该直播主私聊的聊天框。

3. 发送信息成功，显示发送信息的图：点击"发送"按钮后，内容发送成功则双方可见内容。

4. 长按某条信息 1 秒，弹出功能框的图：弹出的功能通常有复制和删除。

5. 复制成功，点击"输入框"，弹出"粘贴"功能的图：点击步骤 4 中的"复制"按钮后，则可以在输入框粘贴复制成功的内容。

6. 点击"粘贴"按钮后，输入框显示成功复制的信息内容：在步骤 5 中双击输入框，点击"粘贴"，则可以看到成功粘贴的内容。

7. 删除选定信息内容的图：点击步骤 4 中的"删除"按钮后，弹出提示框"是否删除选定的信息？"。点击"确认"按钮则删除内容，但对方可见；点击"取消"按钮则返回。

8. 删除某条信息成功，显示的图（对方能看见信息）：删除信息成功后，你就看不见自己发送的信息了，但对方仍然可以看见。注意事项："删除"和"撤回"功能是有区别的；"删除"后你看不见信息，对方能看见信息；"撤回"后信息双方都看不见。

3.9 直播中的"点歌"交互

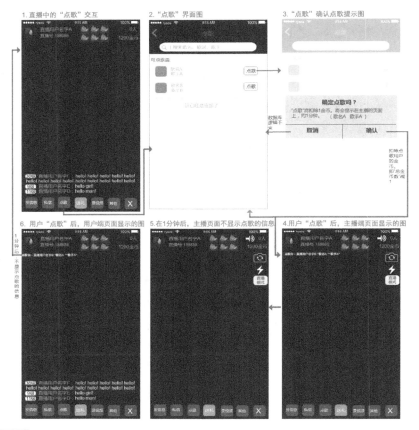

步骤详解

1. 直播中的"点歌"交互：用户进入主播的页面，点击"点歌"的按钮。

2. "点歌"界面图：用户可以选择或搜索歌曲，找到需要点的歌；内容包括歌手的头像、歌名、歌手名、点歌按钮。

3. "点歌"确认点歌提示图：点击步骤 2 中的"点歌"按钮后，显示提示框"确定点歌吗？"。点击"确认"按钮则扣除点歌用户的金币，即总金币数减 1。点击"取消"按钮则数据库逻辑不变。

4. 用户"点歌"后，主播端页面显示的图：在步骤 3 中点击"确认"按钮后，点歌成功则主播端会显示"点歌台：直播用户名字 B – 歌名 A – 歌手 A"。注意事项：主播端比用户端多了静音功能、摄像头切换、闪光灯开启关闭、直播模式（不显示聊天文字）。

5. 在 1 分钟后，主播页面不显示点歌的信息：点歌的信息显示满 1 分钟后将不再显示。

6. 用户"点歌"后，用户端页面显示的图：点歌成功则所有看直播的用户可见点歌信息。

3.10　直播中的"送礼"交互

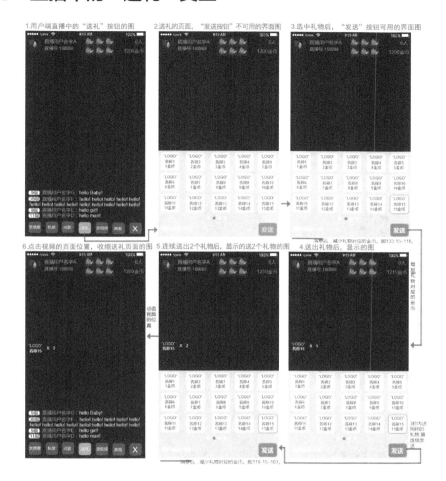

步骤详解

1. 用户端直播中的"送礼"按钮的图：用户进入主播的页面，可以给主播送虚拟礼物。

2. 送礼的页面，"发送按钮"不可用的界面图：在没有选中虚拟礼物时，"发送"按钮不可用。

3. 选中礼物后，"发送"按钮可用的界面图：选中的虚拟礼物，边框采用高亮颜色显示。

4. 送出礼物后，显示的图：主播端和用户端显示虚拟礼物的图标和数量。

5. 连续送出 2 个礼物后，显示的送 2 个礼物的图：3 秒内送同样的礼物，算连续发送，数量 +1；用户金币减少，主播收礼金币增加。

6. 点击视频的页面位置，收缩送礼页面的图：全屏查看直播的页面。

3.11　直播中的"送礼"不足金币的交互

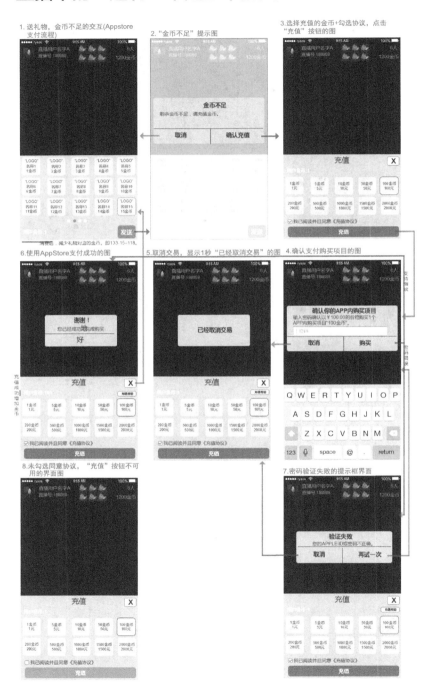

1. 送礼物，金币不足的交互(Appstore支付流程)

2. "金币不足"提示图

3. 选择充值的金币+勾选协议，点击"充值"按钮的图

6. 使用AppStore支付成功的图

5. 取消交易，显示1秒"已经取消交易"的图

4. 确认支付购买项目的图

8. 未勾选同意协议，"充值"按钮不可用的界面图

7. 密码验证失败的提示框界面

步骤详解

1. 送礼物，金币不足的交互（App Store 支付流程）：点击"送礼"按钮后，可见用户金币不足。选择的虚拟礼物所需金币大于用户金币的界面图。

2. "金币不足"提示图：点击"发送"按钮后，显示提示框"金币不足"。点击"取消"则返回，点击"确认充值"则引导用户充值。

3. 选择充值的金币 + 勾选协议，点击"充值"按钮的界面图：点击"确认充值"，则进入充值页面。

4. 确认支付购买项目的界面图：点击步骤 3 中的"充值"按钮后，显示"确认你的 APP 内购买项目"和密码输入框。注意事项：企业需要和 AppStore 接口。

5. 取消交易，显示 1 秒"已经取消交易"的界面图：点击"取消"按钮后，显示提示框"已经取消交易"，1 秒后提示框消失。

6. 使用 AppStore 支付成功的界面图：在步骤中输入密码购买成功后，显示提示框"谢谢！您已经成功地完成购买"。点击"好"按钮后，则返回直播的页面。

7. 密码验证失败的提示框界面：在步骤 4 中输入密码错误后，显示提示框"验证失败！您的 APPLE ID 或密码不正确。"点击"再试一次"，则返回第 4 步重新输入密码。

8. 未勾选同意协议，"充值"按钮不可用的界面图：如在步骤 3 用户未勾选服务协议，则"充值"按钮不可用的界面图。

3.12 直播中的"录视频"交互

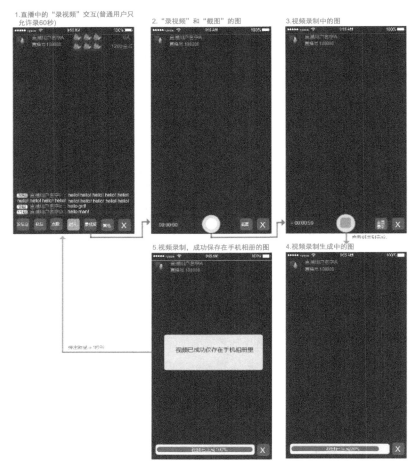

步骤详解

1. 直播中的"录视频"交互（普通用户只允许录 60 秒）：进入主播的页面，可以看见入口按钮"录视频"。

2. "录视频"和"截图"的图：点击"录视频"按钮后，用户可以"录视频"和"截图"。点击白色圆圈一下按钮则截图，长按这个按钮 3 秒则进入录视频模式。

3. 视频录制中的图：长按按钮 3 秒后则进入视频录制中，显示录制时间，再点击此按钮则录制完成。

4. 视频录制生成中的图：点击步骤 3 正下方的"录制"完成按钮后，则视频生成中，需要用户等待。

5. 视频录制，成功保存在手机相册的图：视频录制已生成 100%，则显示提示框"视频已成功保存在手机相册里"。同时实际的视频也保存在手机相册里。

3.13　直播中的"其他"交互

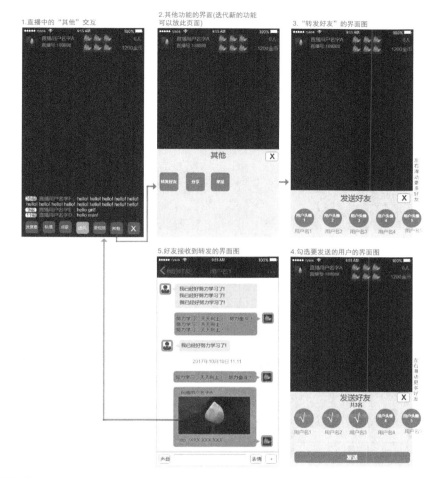

步骤详解

1. 直播中的"其他"交互：用户进入直播主的页面，可见有"其他"的功能按钮。

2. 其他功能的界面（迭代新的功能可以放此页面）：用户点击"其他"按钮后，显示其他的功能页面，包括转发好友、分享、举报。

3. "转发好友"的界面图：用户点击"转发好友"按钮后，显示此界面图。显示直播添加的好友；可以左右滑动显示更多的好友。

4. 勾选要发送的用户的界面图：点击用户头像，则已勾选此用户，可以勾选多个用户。

5. 好友接收到转发的界面图：点击"发送"按钮后，则接收方可以见到分享直播的消息；内容包括直播主的名字、图片缩略图、标签；点击此信息，可快速进入直播页面。

3.14 "首页"和"关注"的搜索页详细交互

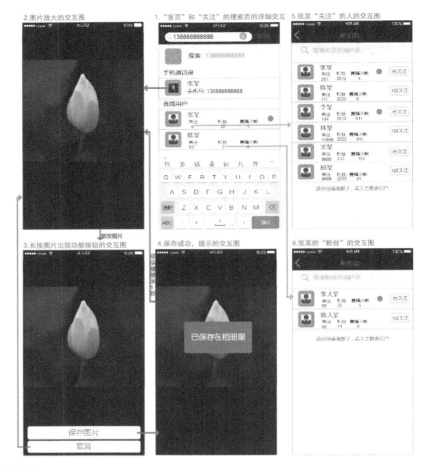

步骤详解

1. **"首页"和"关注"的搜索页的详细交互**：点击搜索栏，匹配出手机通讯录和直播用户。

2. **图片放大的交互图**：点击步骤 1 中的"小头像"按钮，即显示大图像。

3. **长按图片出现功能按钮的交互图**：长按图片 2 秒，即显示"保存图片""取消"按钮。

4. **保存成功，提示的交互图**：点击"保存图片"按钮后，显示提示框"已保存在相册里"。

5. **张某"关注"的人的交互图**：点击步骤 1 中的张某"关注"的按钮，则显示关注人的详细信息。

6. **张某的"粉丝"的交互图**：点击步骤 1 中张某"粉丝"的按钮，则显示详细粉丝的信息；内容包括头像、姓名、关注人数、粉丝人数、直播次数、是否直播中、是否已关注。

3.15 "通讯录"页面详细的交互

步骤详解

1. **"通讯录"审核新好友的交互**：点击"通讯录"按钮，即显示"通讯录"的界面。

2. **"新的好友"的界面图**：点击"新的好友"按钮，显示用户添加你、你添加用户、已成功添加的用户的内容。

3. **显示"通过"按钮的"详细资料"界面图**：点击步骤1中的"Apple 张"的"头像"按钮，显示此用户的详细资料。

4. **"新的好友"通过的交互**：点击步骤1中的"通过"按钮，则与此用户成为好友，等待服务器交互。

5. **显示"已添加"按钮的"详细资料"界面图**：通过成为好友后，按钮功能从"通过"变为"发送信息""视频聊天""直播 ing"的功能。

6. **显示"添加"按钮的"详细资料"界面图**：如步骤1中与"Apple 张"未添加成为好友，则显示"添加成为好友"。

3.16 发现的交互"关注圈"

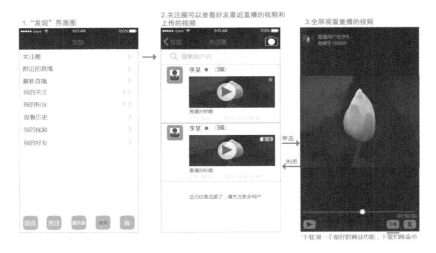

1. **"发现"界面图**：点击"发现"按钮后，显示"发现"界面图。"关注圈"只显示你关注的用户。

2. **关注圈可以查看好友最近直播的视频和上传的视频**：点击步骤1中的"关注圈"后，显示用户头像、姓名、是否在线、等级、视频、地区、时间等信息。

3. **全屏观看重播的视频**：点击步骤2中的视频按钮后，查看重播的界面图，用户只能播放、暂停、关闭、下载。

3.17 发现的交互"附近的直播"

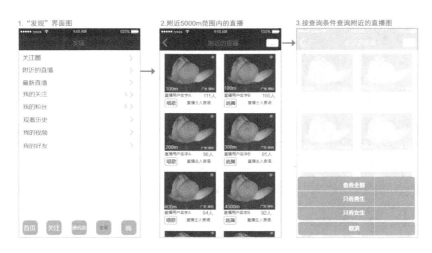

步骤详解

1. "发现"界面图：返回"发现"界面。

2. 附近 5000m 范围内的直播：点击步骤 1 中的"附近的直播"后，显示直播用户名字、观看人数等信息。

3. 按查询条件查询附近的直播图：点击步骤 2 中的"……"按钮后，显示选择项。选项包括查看全部、只看男生、只看女生。

3.18　发现的交互"最新直播"

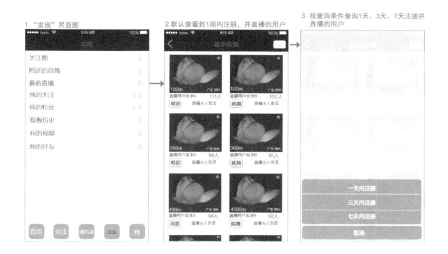

步骤详解

1. "发现"界面图：返回"发现"界面。

2. 默认查看到 1 周内注册，并直播的用户：点击"最新直播"按钮后，按注册时间显示直播主。

3. 按查询条件查询 1 天、3 天、7 天注册并直播的用户：点击"…"按钮后，显示选择项。选项包括一天内注册、三天内注册、七天内注册、取消。一天内注册指 24 小时内注册的直播主。

3.19 发现的交互"我的关注"

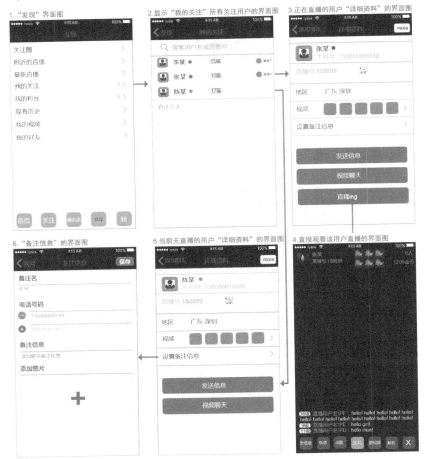

步骤详解

1. **"发现"界面图**: 返回"发现"界面;

2. **显示"我的关注"所有关注用户的界面图**: 点击"我的关注"按钮后,可以详细地关注用户,内容包括头像、姓名、等级、是否在直播中等。

3. **正在直播的用户"详细资料"的界面图**: 点击步骤 2 中的用户"张某",即进入用户的详细资料页面。

4. **直接观看该用户直播的界面图**: 点击"直播 ing"即进入此用户直播的直播页面。

5. **当前无直播的用户"详细资料"的界面图**: 点击步骤 2 中的用户"陈某",即进入用户的详细资料页面;由于该用户当前没有直播,即不显示"直播 ing"的按钮。

6. **"备注信息"的界面图**: 点击步骤 5 中的"设置备注信息"按钮后,显示备注信息的界面图,内容包括备注名、电话号码、备注信息、添加图片。

3.20 发现的交互"我的粉丝"

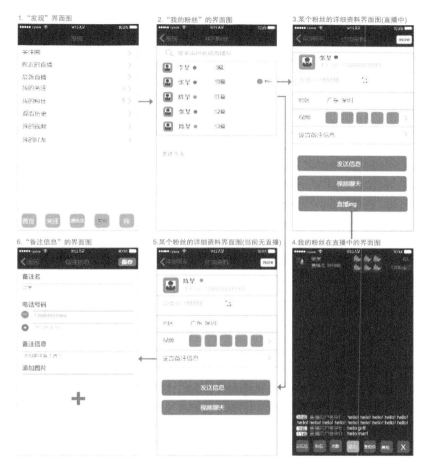

步骤详解

1. "发现"界面：返回"发现"界面。

2. "我的粉丝"的界面图：点击"我的粉丝"按钮后，显示我的粉丝，即关注你的用户。

3. 某个粉丝的详细资料界面图（直播中）：点击步骤 2 中的某个粉丝，可以查看粉丝的详细资料界面图，这里点击"张某"。

4. 我的粉丝在直播中的界面图：点击"直播 ing"按钮，即可查看粉丝在直播的界面。

5. 某个粉丝的详细资料界面图（当前无直播）：如果粉丝没有在直播，不显示"直播 ing"的按钮，比如"陈某"。

6. "备注信息"的界面图：点击步骤 5 中的"设置备注信息"按钮后，显示备注信息的界面图，内容包括备注名、电话号码、备注信息、添加图片。

3.21 发现的交互"观看历史"

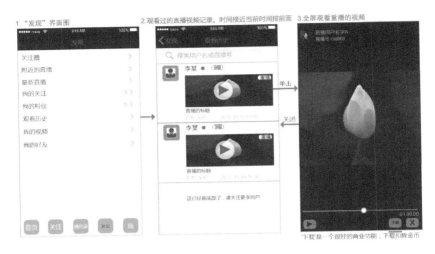

步骤详解

1. **"发现"界面图**：返回"发现"界面。

2. **观看过的直播视频记录，时间接近当前时间排前面**：点击步骤1中的"观看历史"按钮后，可查看之前观看的直播。比如昨天看了 A 视频，今天看了 B 视频，那么 B 视频排在前面，A 视频排在后面。

3. **全屏观看重播的视频**：步骤 2 中的内容包括直播主的头像、名字、直播号、视频；功能包括拖拉视频的位置、播放和暂停、下载、关闭；要想直播系统盈利，那么下载功能可以做成收费。比如你是该直播的忠实粉丝，那么花点钱才能下载。目前有的企业做的下载，用户不买，因为使用 APP 端需付费下载，但是在 PC 端不需要付费就可以下载。

3.22 发现的交互"我的视频"

步骤详解

1. "发现"界面图：返回"发现"界面。

2. 我直播完后，保存自己所有视频（本人可以删除）：自己直播完的视频，保存后会保存在"我的视频"里，内容包括头像、姓名、等级、直播缩略图、标签、地区、时间、更多。

3. 全屏观看自己重播的视频：点击"缩略图"按钮后，即可查看视频的内容。

4. 更多功能显示框的界面图：点击步骤 2 中的"…"按钮，可见更多功能，包括下载、删除、取消。

5. 删除某个视频后的界面图：点击"删除"按钮，则删除的视频不可见。

6. 正在下载视频的界面图：点击步骤 4 中的"下载"近钮，显示提示框"正在下载视频保存在手机相册里"。

3.23 发现的交互"我的好友"

步骤详解

1. **"发现"界面图**：返回"发现"界面。

2. **"我的好友"的界面图**：点击步骤 1 的"我的好友"按钮后，即可查看我添加的好友。

3. **与某个用户聊天的界面图**：点击步骤 1 中的某个用户，即进入与该用户聊天的界面。聊天内容可以是文字、声音、图片、视频。

4. **与某个用户聊天的界面图（弹出键盘）**：点击输入框，即弹出键盘输入框并可输入文字内容。

5. **"添加好友"的界面图**：点击步骤 2 中的"+"按钮后，显示"添加好友"的界面图，可以输入直播号 / 手机号添加，也可以从通讯录添加。

6. **语音聊天发送中的界面图**：点击步骤 3 中的"声音"按钮后，即可以使用语音功能。

3.24　我的交互 "个人资料"

步骤详解

1. **"我"的页面**：点击"我"按钮后，即可看见"我"的内容，内容包括钱包、优惠券、日常任务、设置。

2. **"个人资料"的界面图**：点击步骤 1 中的头像栏目，显示"个人资料"的内容，包括头像、用户名、直播号、二维码、地址、发票抬头、性别、地区、个人标签、星座、身高、兴趣爱好。

3. **头像页面的图**：点击步骤 2 中的"头像"栏目，显示头像放大的图。

4. **头像页面更多功能的图**：点击"⋯"按钮后，弹出功能框，功能包括从相册选择一张、拍一张、保存图片、取消。

5. **用户名变更的图**：点击步骤 2 中的"用户名"栏目，用户可以修改用户名。此功能可以做成商业的功能，用户想要变更用户名需要扣除金币。

6. **二维码的图**：点击步骤 2 中的"二维码"栏目，用户可以扫描二维码、换个二维码、保存图片、取消。

3.25 我的交互"个人资料"（地址）

步骤详解

1. "个人资料"的界面图：个人资料包括地址，用户可以添加、编辑、删除地址信息。

2. "我的地址"的界面图：点击"地址"按钮后，显示"我的地址"的界面图，可以添加地址。

3. "添加地址"的界面图：点击"添加地址"按钮后，显示的功能包括姓名、手机号码、定位地区、邮政编码、详细地址、保存。

4. 从"通讯录"中寻找用户的图：点击步骤3中的"姓名"后面的从"通讯录寻找"按钮，显示的"通讯录"用户的界面图。

5. 用户有多个电话，从电话中选择电话的图：点击"Apple 张"用户的栏目，即可选择该用户的电话。

6. 从通讯录中找到用户的姓名和手机号码的图：点击用户的电话后，则"添加地址"界面自动显示用户的姓名和手机号码。

7. GPS 定位的图（需要与地图企业合作）：点击定位地区的图标，则显示位置定位和附近大厦、地址，用户可以按照默认的定位或者选择位置。

8. 所有资料显示后的图：用户点击位置的地址后，则"添加地址"界面自动显示定位地区、邮政编码、详细地址的内容。

9. "保存"后，与数据库交互保存中的图：点击右上角的"保存"按钮后，显示提示框"保存中"。

10. 显示已添加地址的效果图：保存完成后，自动跳转至"我的地址"的界面，可见已经显示了保存成功的地址。

11. 编辑地址的效果图：用户可以编辑已存在的地址，点击"编辑"按钮后，显示编辑地址的界面图。

12. "删除地址"的提示框图：点击"删除地址"按钮，弹出提示框"确定要删除此地址吗？"。点击"确认"则删除地址，点击"取消"则返回编辑地址页面。

3.26 我的交互"个人资料"（发票抬头）

步骤详解

1. **"个人资料"的界面图**：个人资料中还包括发票抬头，可以添加个人或企业的发票抬头。

2. **"发票抬头"的界面图**：点击"发票抬头"按钮后，显示发票抬头的界面图。

3. **企业抬头的界面图**：点击"添加抬头"按钮后，用户可以添加企业发票抬头。内容包括名称、设置默认、税务号、单位地址、开户银行、银行账号、电话号码、保存。

4. **个人抬头的界面图**：点击"个人"按钮后，用户可以添加个人发票抬头。内容包括名称、设置默认、电话号码、邮箱、保存。

5. **输入资料后，个人抬头的界面图**：在个人抬头中输入名称、电话号码、邮箱资料。

6. **添加成功后的提示界面图**：点击"保存"按钮后，显示提示框"添加抬头成功！"。

7. **显示新增加的抬头界面图**：添加抬头成功后，自动跳转至"发票抬头"界面，可见添加的一栏数据已经显示。

8. **"抬头详情"的界面图**：点击已经成功添加的发票栏目后，显示"抬头详情"。内容包括名称、类型、电话号码、邮箱、二维码信息、编辑。

9. **栏目向左滑动后的功能界面图**：已经成功添加的发票栏目由右向左滑动后，显示功能设为默认和删除。

10. **确认删除提示框**：用户点击"删除"按钮，则弹出提示框"确认要删除此发票抬头"。

11. **删除成功的提示框**：用户点击"确认"删除按钮，则"发票抬头"界面已经删了这个发票抬头的数据。

12. **"编辑抬头"的界面图**：用户点击步骤 8 中的"编辑"按钮，则可对发票抬头的数据更改。

3.27 我的交互"个人资料"性别、地区、个人标签、星座、身高、兴趣爱好

步骤详解

1. **个人资料的交互:**"个人资料"的性别、地区、个人标签、星座、身高、兴趣爱好的界面。

2. **"性别"的界面图:**点击"性别"栏目,显示选择男、女、未知的界面。

3. **"地区"的界面图:**点击"地区"栏目,可选择定位的地区或自己选择地区的界面图。

4. **"个人标签"的界面图:**点击"个人标签"栏目,可以输入 25 字以内的文字。

5. **"星座"的界面图:**点击"星座"栏目,显示选择 12 星座的界面图。

6. **"身高"的界面图:**点击"身高"栏目,显示选择身高的界面图。

3.28 我的交互"钱包"

步骤详解

1. **"我"的界面图**：点击下面"我"按钮，即进入"我"的界面，可见功能"钱包"。

2. **"钱包"界面图**：点击"钱包"按钮后，进入到"钱包"的界面。内容有总资产、余额、金币、银行卡及更多的信息。

3. **"余额"的界面图**：点击"余额"按钮，显示的余额界面。用户可以充值和提现。

4. **"余额明细"的界面图**：点击"明细"按钮，显示每月的支出和收入的明细。

5. **余额明细的详细信息**：详细信息包括消费的企业名、商户编号、商户名称、支付状态、支付方式、支付时间、流水号、商户单号、商户电话、此商户的详细记录。

6. **筛选的界面图**：点击步骤 4 中的"筛选"按钮后，可以筛选类型。类型有全部、转入、转出、消费、收益、冻结、充值、提现、退款。

7. **确认拨打商户电话提示的界面图**：点击步骤 5 中的"商户电话"按钮，显示提示框"确认拨打电话：×××吗？"。

8. **呼叫商户电话的界面图**：用户点击"确定"按钮后，显示呼叫商户电话的界面。点击"呼叫"则直接打电话给商户。

9. **此商户的详细记录的界面图**：点击步骤 5 中的"此商户的详细记录"按钮后，显示所有在此商户涉及交易的信息。

3.29 我的交互"优惠券"

步骤详解

1. **"我"的界面图**：点击下方的"我"按钮，即进入"我"的页面，可见功能"优惠券"。

2. **"优惠券"的界面图**：点击"优惠券"按钮后，显示"优惠券"页面，可见每张优惠券都有使用场合、时间、面额、条件。

3. **全部类型的界面图**：点击"全部类型"按钮，显示选择框包括全部类型、礼物优惠券、充值优惠券、节日活动优惠券。

4. **系统赠送的界面图**：点击"系统赠送"按钮，显示选择框包括全部、系统赠送、用户赠送。

5. **领取时间的界面图**：点击"领取时间"按钮，显示选择框包括全部、获取时间、到期时间。

6. **优惠券更多功能的界面图**：点击右上角的"…"按钮，显示功能添加优惠券、优惠券使用帮助。

3.30 我的交互"日常任务"

步骤详解

1. **"我"-"日常任务"的交互**：点击"我"按钮后，即可见"日常任务"按钮。

2. **今天 7 日，签到 7 日的图**：点击"日常任务"按钮后，显示当月的月历和签到次数、获取奖励的条件。

3. **今天 10 日，签到 10 日的图，达到领取奖品条件**：签到达到条件，即可点击"领取"按钮获取奖励。

4. **领取奖品，显示领取成功的提示框**：点击"领取"按钮后，显示领取成功的提示框。

5. **领取奖品成功，显示已领取的图**：领取成功后，按钮从"领取"变更为"已领取"。

6. **今天 11 日，11 日可点击签到的图**：11 日未签到，11 日的位置即显示可签到的按钮。

3.31　我的交互"设置"

步骤详解

1. "我" - "设置" 的交互：点击 "我" 按钮后，即可见 "设置" 按钮。

2. "设置" 的界面图：点击 "设置" 按钮后，可见功能有账号和安全、直播设置、消息通知、隐私、通用、帮助和反馈、关于、退出登录。

3. "账号和安全" 的界面图：点击 "账号和安全" 按钮后，可见功能有直播号、手机号、姓名、身份认证、邮箱、密码设置、支付设置、紧急联系人、登录设备管理、账号切换。

4. "直播设置" 的界面图：点击 "直播设置" 按钮后，可见功能有直播场控、黑名单、蜂窝自动播放视频、蜂窝允许上传视频、后台继续播放、截图自动保存、自动录制 MV、关注的主播开播提醒。

5. "消息通知" 的界面图：系统通知、活动通知、视频和语音聊天邀请通知、振动、声音、消息通知显示内容详情、消息通知免打扰。

6. "隐私" 的界面图：加我为好友需要验证、通过邮箱添加我、通过手机号添加我、通过 ID 号添加我、通过昵称添加我、推荐通讯录朋友加我。

7. "通用" 的界面图：点击 "通用" 按钮后，可见功能有多语言、字体大小、聊天背景、表情管理、视频和相片、听筒模式、存储空间、清空聊天记录。

8. "帮助和反馈" 的界面图：点击 "帮助和反馈" 按钮后，可见分类有充值和提现类、直播和视频类、账户和安全类、其他，此外还有热门内容的标题与意见反馈。

9. "关于" 的界面图：点击 "关于" 按钮后，可见功能有 Appstore 评分、版本说明、版权信息、投诉和建议。

3.32 "设置"-"账号和安全"-"手机号"

步骤详解

1. **"账号和安全"的界面图**：点击"设置"－"账号和安全"按钮后，可见账号和安全的功能。

2. **"手机号"的界面图**：点击"手机号"按钮后，可见功能有查看手机通讯录、变更手机号。

3. **"通讯录好友"的界面图**：点击"查看手机通讯录"按钮后，显示通讯录的好友。

4. **"变更手机号"的界面图**：点击步骤 2 中的"变更手机号"按钮后，用户需要输入原手机验证码和新手机号码。

5. **获取验证码的提示框**：点击"获取验证码"按钮后，弹出"确认手机号码"的提示框。

6. **获取新手机号码验证码的界面图**：点击步骤 4 中的"下一步"按钮后，需要输入新手机号码获取的验证码。

7. **输入新手机号码验证码的界面图**：输入验证码后，"完成"按钮可用的界面图。

8. **变更手机号成功的提示框**：点击"完成"按钮后，弹出提示框"恭喜！变更手机号成功。下次登录请使用新手机号码登录。"

9. **手机号显示新绑定的手机号码的界面图**：3 秒后提示框自动消失，可见已经绑定手机号码为新手机号码。

3.33 "设置"-"账号和安全"-"密码设置"

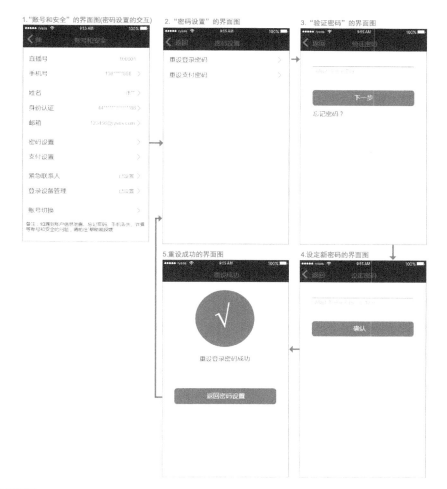

步骤详解

1. "账号和安全"的界面图（密码设置的交互）：点击"账号和安全"按钮后，可见"密码设置"的功能。

2. "密码设置"的界面图：点击"密码设置"按钮后，可见功能包括重设登录密码、重设支付密码。

3. "验证密码"的界面图：点击"重设登录密码"按钮后，可见"验证密码"的界面图，需要用户输入原登录密码和点击下一步，如忘记密码，可以点击"忘记密码？"按钮。

4. 设定新密码的界面图：点击"下一步"按钮后，需要输入新登录密码。

5. 重设成功的界面图：点击"确认"按钮后，显示重设成功的界面图。

3.34 "设置"-"账号和安全"-"支付设置"

步骤详解

1. "账号和安全"的界面图（密码设置的交互）：点击"账号和安全"按钮后，可见"支付设置"的功能。

2. "密码设置"的界面图：点击"支付设置"，可见功能扣款顺序、小额免密支付、指纹支付、优惠券。

3. "扣款顺序"的界面图：功能有"先扣余额，再扣银行卡""余额不足，直接扣银行卡""余额充足，直接扣银行卡"。

3.35 苹果手机的设置

步骤详解

1. "设置"界面下找到已安装的应用：在手机"设置"里找到你自己的应用程序。

2. 进入应用的界面图：点击"应用程序"后，应用程序可以用的功能包括位置、通讯录、照片、麦克风、运动与健身、相机、通知、后台应用刷新、蜂窝移动数据。

3. "位置"的界面图：点击"位置"按钮后，允许访问位置信息包括永不、使用应用期间、始终。

3.36 "设置"-"通用"-"多语言"

步骤详解

1. "多语言"设置的交互图：在"通用"界面下可见"多语言"的功能。

2. "多语言"的界面图：点击"多语言"按钮后，可见语言的选择。

3. 切换语言后的交互图（可以"保存"）：点击"English"，选项由"简体中文"切换至"English"。

4. 点击"保存"按钮后，保存中的界面图：保存中，语言正在后台程序处理中。

5. 数据库反馈，"保存成功"的界面图：语言切换成功，显示提示框"保存成功"。

6. 整个系统语言切换至英文的界面图：语言切换成功后，系统所有界面显示保存成功的语言。

3.37 "设置"-"通用"的"字体大小"

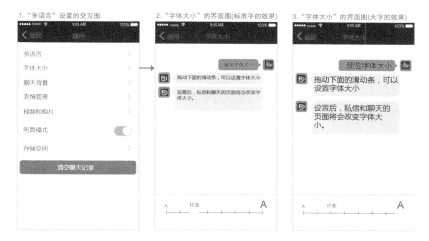

步骤详解

1. **"多语言"设置的交互图**：在"通用"页面下可见有"字体大小"的功能。

2. **"字体大小"的界面图（标准字的效果）**：点击"字体大小"按钮后，在屏幕下方可见目前采用的字体大小，当用户拖动至"标准"，则使用标准的字体大小。

3. **"字体大小"的界面图（大字的效果）**：点击"字体大小"按钮后，可见目前采用的字体大小，当用户拖动至最右边，则使用最大的字体大小。

3.38 "设置" - "通用"的"聊天背景"

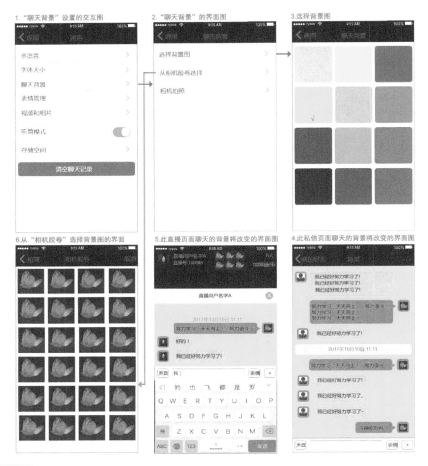

步骤详解

1. **"聊天背景"设置的交互图**：在"通用"页面里可见功能"聊天背景"按钮。

2. **"聊天背景"的界面图**：点击"聊天背景"按钮后，用户可以选择背景图、从相机胶卷选择、相机拍照。

3. **选择背景图**：点击"选择背景图"按钮后，则显示多个背景让用户选择。

4. **此私信页面聊天的背景将改变的界面图**：更换了背景图后，可见私信页面的新背景图。

5. **此直播页面聊天的背景将改变的界面图**：更换了背景图后，可见直播页面的新背景图。

6. **从"相机胶卷"选择背景图的界面**：点击步骤 2 中的"从相机胶卷选择"，可从相机胶卷选择新的背景图。

3.39 "设置"-"通用"的"视频和相片"

步骤详解

1. "视频和相片"设置的交互：在"通用"页面里可见功能"视频和相片"按钮。

2. "视频和相片"开启的界面图：视频录制和相片编辑、修改的内容将保存到系统相机胶卷。

3. "视频和相片"关闭的界面图：视频录制和相片编辑、修改的内容将不保存到系统相机胶卷。

4. 手机的入口 ICON：点击手机里的"照片"按钮，也称为入口图标 ICON。

5. 开启视频和相片后，保存在系统相机胶卷的界面图：保存的视频和相片都在此相机胶卷里。

3.40 "设置"—"消息通知"的"消息通知免打扰"

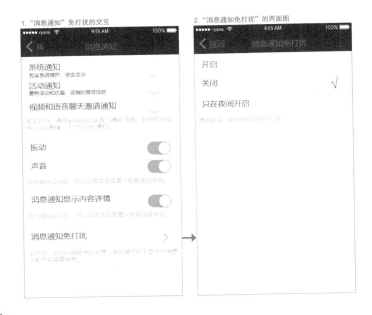

步骤详解

1. "消息通知"免打扰的交互：消息通知的界面，可见"消息通知免打扰"的功能。

2. "消息通知免打扰"的界面图：消息通知免打扰，用户可以选择开启、关闭、只在夜间开启，夜间时间指的是 AM 8:00 至 PM 21:00。

3.41 "设置"-"直播设置"的"直播场控"

步骤详解

1. "直播场控"的交互：在直播设置页面里，可见有功能"直播场控"。

2. "直播场控"的界面图：点击"直播场控"按钮，则进入直播场控的界面，用户可以查看和添加场控。

3. 搜索用户的界面图：点击"添加场控"按钮后，显示搜索用户的界面图。

4. 搜索到相关用户的界面图：用户输入的数据，搜索到用户后，可以将用户设为场控。

5. 把"张某"和"陈某"设为场控的界面图：设置为场控后，显示的成功提示框。

6. "直播场控"界面显示所有场控用户的界面图：直播场控的页面可见新的场控用户。

3.42 "设置"－"直播设置"的"黑名单"

1. "黑名单"的交互
2. "黑名单"的界面图
3. 搜索用户的界面图
6. "黑名单"界面显示所有场控用户的界面图
5. 把"张某"和"陈某"设为黑名单的界面图
4. 搜索到相关用户的界面图

步骤详解

1. **"黑名单"的交互**："直播设置"的页面，可见有功能"黑名单"。

2. **"黑名单"的界面图**：点击"黑名单"按钮后，显示功能黑名单和添加黑名单用户。

3. **搜索用户的界面图**：点击"添加黑名单用户"按钮后，可搜索用户的界面图。

4. **搜索到相关用户的界面图**：用户输入的数据，搜索到用户后，可以将用户设为黑名单。

5. **把"张某"和"陈某"设为黑名单的界面图**：设置为黑名单后，显示的成功提示框。

6. **"黑名单"界面显示所有场控用户的界面图**：黑名单的页面可见新的黑名单用户。

3.43 "设置"-"直播设置"的"关注的主播开播提醒"

1. "关注的主播开播提醒"的交互　　　　2. "开启或关闭"此主播开播提醒的图

步骤详解

1. "关注的主播开播提醒"的交互：在"直播设置"的页面，可见功能有"关注的主播开播提醒"。

2. "开启或关闭"此主播开播提醒的图：当开启后，主播开播则提醒你；当关闭后，主播开播则不会提醒你。

3.44 直播的商业

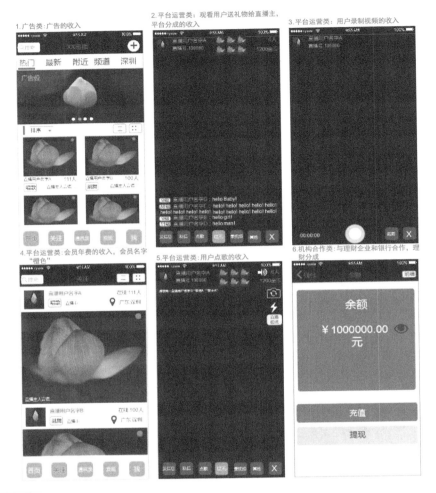

步骤详解

直播系统的商业模式有广告类、平台运营类、机构合作类三种。

1. **广告类：广告的收入**：比如首页的头部广告。

2. **平台运营类：观看用户送礼物给直播主，平台分成的收入**：比如用户送100元，平台分成50元。

3. **平台运营类：用户录制视频的收入**：用户想录制长时间的视频，平台可以收费。

4. **平台运营类：会员年费的收入，会员名字"橙色"**：用户每年支付120元，用户名字颜色为"橙色"。

5. 平台运营类：用户点歌的收入：用户点歌付费，直播主获取费用，平台与直播主分成。

6. 机构合作类：与理财企业和银行合作，理财分成：可实现余额由银行托管、银行存管，用户资金安全并且可以增值。

3.45　本章总结说明

本章节"直播系统交互"主要把直播系统的功能采用人和系统交互的图形方式说明和描述。

作者首先把直播系统的主要框架规划出来，再对主框架的每一个页面里的功能，逐一讲解。

本直播系统可以使企业达到的效果：用户可以成为直播用户，用户可以看直播用户直播，用户可以充值，用户与用户之间可以沟通，用户可以送礼物给其他用户。这样，直播类型的科技企业即可以运作了。

直播系统商业性功能如下：

1. 广告；

2. 赠送礼物（包括虚拟物和点歌）；

3. 录制长视频（付费可录长视频）；

4. 成为用户 VIP 会员（付费后可拥有的功能）；

5. 下载回收录像收费；

6. 企业与企业之间的合作（如充值话费、订机票、订酒店）。

本人对直播行业其实挺看好的，像游戏类直播、体育类直播、教育类直播。游戏类直播方面，近年越来越多的人玩电竞游戏，而且有的人玩游戏年薪都上千万，说明游戏类直播盈利也是可观的，而且可以在全球弄一些电竞比赛，提升知名度累积用户群。体育类直播方面，过去人们只能看电视，现在能看直播，使用手机即可随时随地实时看足球比赛、篮球比赛，通过与体育彩票的企业合作，还可增加盈利。教育类直播方面，可以让人在家就可以学习知识，比如直播教吉他、教英语、教编码、教设计、教魔术等。本套直播系统交互满足这些直播系统的页面和交互。

第4章 电商购物系统交互

4.1 电商系统主要框架

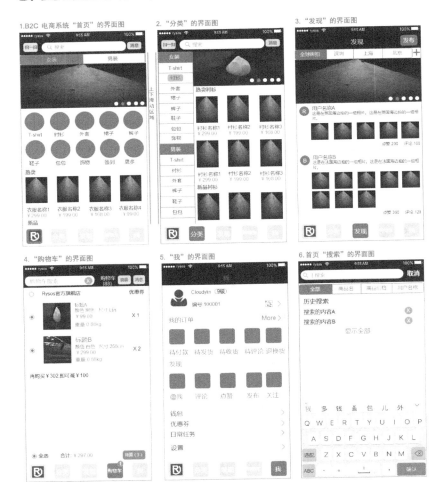

步骤详解

1. B2C 电商系统"首页"的界面图：首页指进入系统后，用户查看到的系统页面。

2. "分类"的界面图：点击"分类"按钮后，用户可查看电商系统的分类界面图，左边显示商品的分类，右边显示商品的图和名称、价格。

3. "发现"的界面图：点击"发现"按钮后，显示平台用户发布的内容。内容由用户头像、用户名称、文本内容、图片、点赞、评论组成。

4. "购物车"的界面图：点击"购物车"按钮后，用户可以看见已加入购物车但未购买的商品。用户如需购买，可以快速支付购买。

5. "我"的界面图：点击"我"按钮后，显示关于我的功能。

6. 首页"搜索"的界面图：在首页里，点击"搜索"按钮后，用户可以按全部、商品名、商品价格、用户名称内容进行搜索。

4.2 "首页"的详细交互

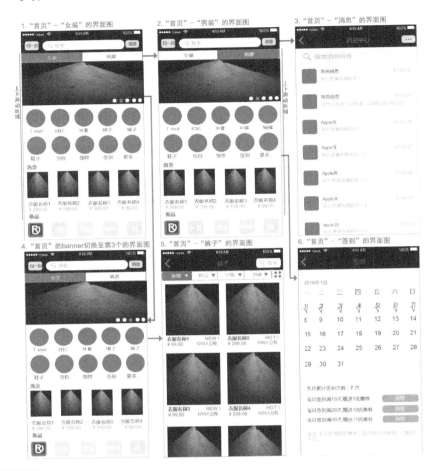

步骤详解

1. "首页" – "女装"的界面图：点击"女装"按钮后，显示与女装相关的内容。

2. "首页" – "男装"的界面图：点击"男装"按钮后，显示与男装相关的内容。

3. "首页" – "消息"的界面图：点击"消息"按钮后，显示系统信息和用户发你的信息等。

4. "首页"的 banner 切换至第 3 个的界面图：点首页的 banner，每 2 秒自动切换下一张。

5. "首页" – "裤子"的界面图：点击"裤子"按钮，显示裤子的页面图。

6. "首页" – "签到"的界面图：点击"签到"按钮后，显示签到的活动页面。

4.3 "首页"-"消息"的详细交互

1. "首页"-"消息"的发送交互
2. "消息"-"…"的界面图
3. "消息"-"搜索"的界面图
6. "消息"-"系统信息"的界面图
5. "消息"-"Apple 张"聊天的界面图
4. "消息"-"联系人"的界面图

步骤详解

1. "首页"-"消息"的发送交互：点击"消息"按钮后，显示消息中心的界面图。

2. "消息"-"…"的界面图：点击"…"按钮后，弹出功能选项框。

3. "消息"-"搜索"的界面图：点击"搜索消息内容"框后，显示的搜索界面图。

4. "消息"-"联系人"的界面图：点击"联系人"，显示联系人的界面图。

5. "消息"-"Apple 张"聊天的界面图：点击"Apple 张"联系人，显示聊天记录的对话。

6. "消息"-"系统信息"的界面图：点击"系统信息"后，显示所有的系统信息及内容。

4.4 "首页" – 分类 "衬衫" 的详细交互

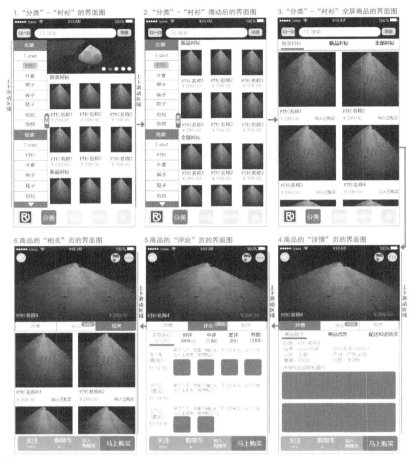

步骤详解

1. **"分类" – "衬衫" 的界面图**：点击 "分类" – "衬衫" 按钮后，显示所有衬衫的商品。

2. **"分类" – "衬衫" 滑动后的界面图**：商品内容可以上下滑动，显示热卖衬衫、新品衬衫、全部衬衫的商品内容。

3. **"分类" – "衬衫" 全屏商品的界面图**：点击 "全屏" 按钮后，显示全屏商品的界面图。

4. **商品的 "详情" 页的界面图**：点击商品后，显示商品的详情页。

5. **商品的 "评论" 页的界面图**：点击 "评论" 按钮后，显示商品的评论。

6. **商品的 "相关" 页的界面图**：点击 "相关" 后，显示相关的商品。

4.5　商品的"详情"页的详细交互

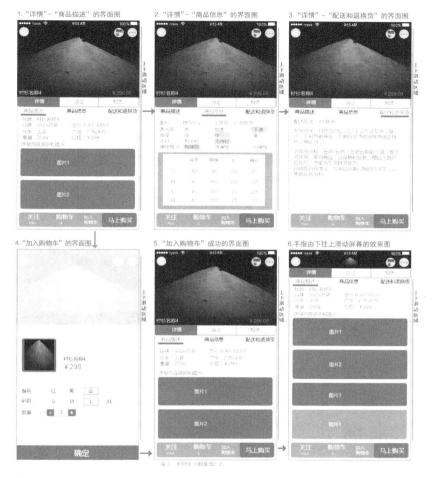

步骤详解

1. **"详情"–"商品描述"的界面图**：在"详情"下有商品描述、商品信息、配送和退换货的内容详情；商品描述包括标题、品牌、型号、分类、产地、重量、价格、详细内容说明和图片。

2. **"详情"–"商品信息"的界面图**：点击"商品信息"按钮后，显示的商品信息包括面料、退换货、透光度、厚度、内衬、弹性情况、尺寸说明。

3. **"详情"–"配送和退换货"的界面图**：点击"配送和退换货"的界面图后，显示配送和退换货的说明信息内容。

4. **"加入购物车"的界面图**：点击"加入购物车"按钮后，显示的商品的颜色、码数、数量的选择内容。

5. **"加入购物车"成功的界面图**：点击"确定"按钮后，商品加入购物车成功，购物车内商品数量增加。

6. **手指由下往上滑动屏幕的效果图**：滑动后，内容向上滚动，显示图片缩小的效果图。

4.6 商品的"评论"页的详细交互

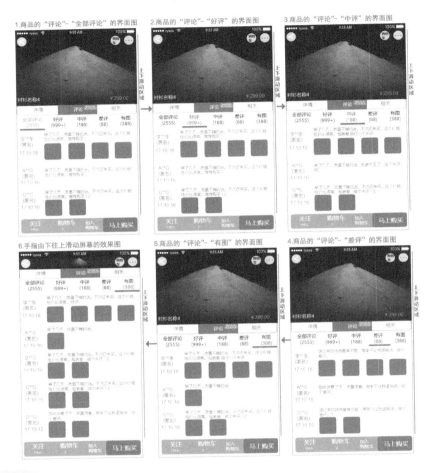

步骤详解

1. 商品的"评论"–"全部评论"的界面图：点击"全部评论"按钮后，显示所有的评论内容。

2. 商品的"评论"–"好评"的界面图：点击"好评"按钮后，显示所有的好评内容。

3. 商品的"评论"–"中评"的界面图：点击"中评"按钮后，显示所有的中评内容。

4. 商品的"评论"–"差评"的界面图：点击"差评"按钮后，显示所有的差评内容。

5. 商品的"评论"–"有图"的界面图：点击"有图"按钮后，显示所有的有图评论内容。

6. 手指由下往上滑动屏幕的效果图：滑动后，商品图片缩小，用户可查看更多的评论内容。

4.7　商品的"相关"页的详细交互

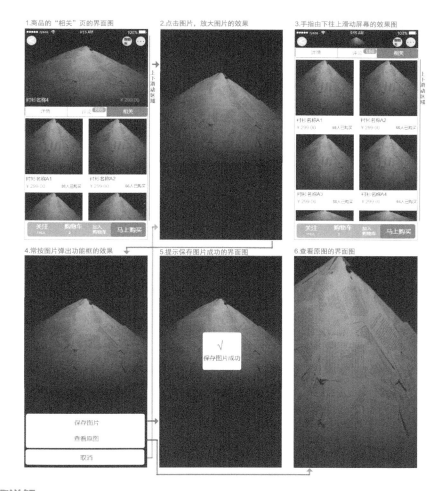

步骤详解

1. **商品的"相关"页的界面图**：点击"相关"按钮，显示此商品相关的商品图。

2. **点击图片，放大图片的效果**：点击"商品图片后，显示全屏放大的商品图。

3. **手指由下往上滑动屏幕的效果图**：滑动到图 1 的界面后，商品图片缩小，显示更多的内容。

4. **常按图片弹出功能框的效果**：常按图片，弹出的功能包括保存图片、查看原图、取消。

5. **提示保存图片成功的界面图**：点击"保存图片"按钮后，则图片保存到手机相册。提示保存图片成功。

6. **查看原图的界面图**：点击"查看原图"，刚可以把无压缩的图片显示出来，图片细节更清楚。

4.8 顾客怎么给商品评论的交互

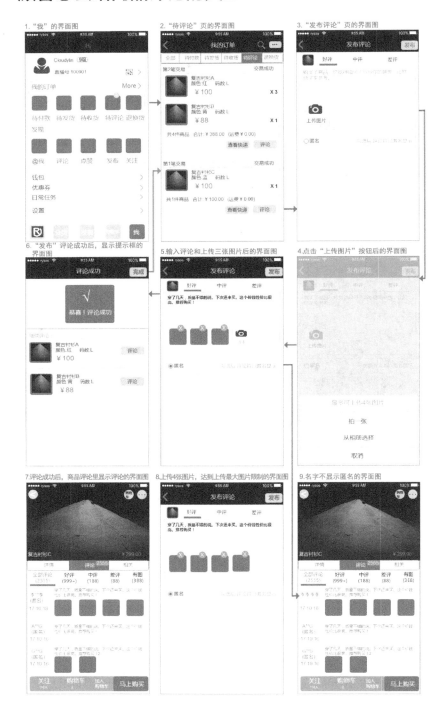

步骤详解

1. "我"的界面图：我买过的商品，怎么给商品评论？首先找到评论的入口，点击"我"按钮，即可看见"待评论"的按钮。

2. "待评论"页的界面图：点击"待评论"按钮后，显示待评论的页面，每一笔交易包括的内容商品缩略图、标题、价格、数量、合计商品数量、合计金额、运费、查看快递、评论。

3. "发布评论"页的界面图：点击"评论"按钮后，则购买的买家用户可以给此商品好评、中评、差评，并可以撰写详细的描述信息、上传图片证明、需要匿名或不匿名显示。

4. 点击"上传图片"按钮后的界面图：点击"上传图片"按钮后，则可以上传一定数量的图片，用户可以拍一张、从相册选择、取消等操作。

5. 输入评论和上传三张图片后的界面图：用户上传图片和输入评论后，"发布"按钮可用，显示的界面图。

6. "发布"评论成功后，显示提示框的界面图：用户点击"发布"按钮后，显示"恭喜！评论成功"的提示框。

7. 评论成功后，商品评论里显示评论的界面图：评论后，可以找到该商品的评论页面，查看您自己评论的内容。

8. 上传 4 张照片，达到上传最大图片限制的界面图：上传图片达到上传图片数量的限制后，"上传照片"功能不显示。

9. 名字不显示匿名的界面图：点击选择"匿名"按钮，则发布的评论显示匿名。不点击"匿名"按钮，则发布的评论不显示匿名。

4.9 "购物车"的详细交互

步骤详解

1. **购物车的界面图**：点击"购物车"按钮后，显示购物车的功能界面图。

2. **点击"编辑"后的界面图**：点击"编辑"按钮后，用户可以编辑商品的数量。

3. **点击"消息"按钮的界面图**：点击"消息"按钮后，用户可以查看商家和系统发来的消息。

4. **"优惠券"获取界面图**：点击"优惠券"按钮后，用户可以领取商家的优惠券。

5. **"优惠券"获取成功界面图**：点击"领取"按钮后，显示"获取成功"的提示框。

6. **"搜索"界面图**：点击"搜索"按钮后，显示搜索的页面。

4.10 "马上购买"确认订单页面

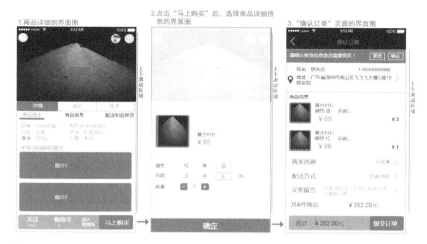

步骤详解

1. 商品详细的界面图：进入商品详细的界面，显示商品图片和相关的内容。

2. 点击"马上购买"后，选择商品详细信息的界面图：用户可选择商品颜色、码数、数量（具体选择的商品内容请以后台管理为准，本案例仅供参考）。

3. "确认订单"页面的界面图：点击"确定"按钮后，显示确认订单页面。

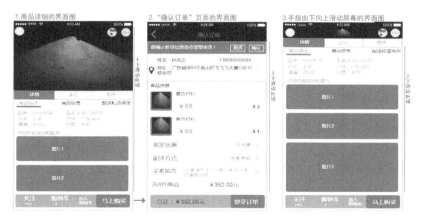

步骤详解

1. 商品详细的界面图：进入商品详细的界面，显示商品图片和相关的内容。

2. "确认订单"页面的界面图：点击"确定"按钮后，显示确认订单页面。

3. 手指由下向上滑动屏幕的界面图：图1滑动后，图片缩小，显示更多的内容。

4.11 "我"-"钱包"的详细交互

步骤详解

1. "我"的界面图：在"我"的界面，可见"钱包"功能的界面图。

2. "我"-"钱包"的界面图：点击"钱包"按钮后，显示钱包相关的功能内容。

3. "钱包"-"…"的界面图：点击"…"按钮后，显示的功能有交易流水、支付管理、帮助中心、取消。

4. "钱包"-"总资产"的界面图：点击"总资产"按钮后，显示总资产、现金资产、投资资产等数据内容。

5. "钱包"-"余额"的界面图：点击"可用余额"按钮后，显示可用余额和相关操作功能。

6. "钱包"-"银行卡"的界面图：点击"银行卡"按钮后，显示已绑定的银行卡。

4.12 "钱包"–"交易流水"

步骤详解

1. **"钱包"–"…"的界面图**：点击"…"按钮后，显示功能有交易流水、支付管理、帮助中心、取消。

2. **"交易流水"的界面图**：点击"交易流水"按钮后，按月显示消费的支出和收入。

3. **"交易流水"由下往上滑动屏后的界面图**：滑动屏后，可以查看过去月份的支出和收入。

4. **"筛选"的界面图**：点击"筛选"按钮，可以选择交易类型查询数据；电商系统一般交易类型有全部、购物消费、充值、提现、退款、投资和收入。

5. **选择日期，查看交易流水的界面图**：点击"日期框"，可以选择指定的年份和月份来查询流水。

6. **详细的交易信息**：点击"某一条"收入支出的信息，可以查看详细的交易信息。

4.13 "交易流水"–"交易信息"的详情说明

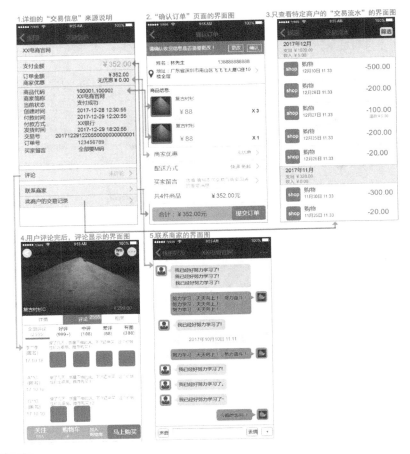

步骤详解

1. 详细的"交易信息"来源说明：交易的信息包括商家店名、支付金额、订单金额、商家优惠、商品代码、商家简称、当前状态、创建时间、付款时间、付款方式、发货时间、交易号、订单号、买家留言、评论、联系商家、此商户的交易记录。

2. "确认订单"页面的界面图："交易信息"页面的支付金额、商家优惠、商品代码来源于"确认订单"页面。

3. 只查看特定商户的"交易流水"的界面图：点击"此商户的交易记录"按钮后，显示此商户的交易流水内容。

4. 用户评论完后，评论显示的界面图：点击"评论"按钮后，显示所有用户评论的页面。

5. 联系商家的界面图：点击"联系商家"按钮后，显示与此商家聊天的页面。

4.14　"钱包"－"支付管理"

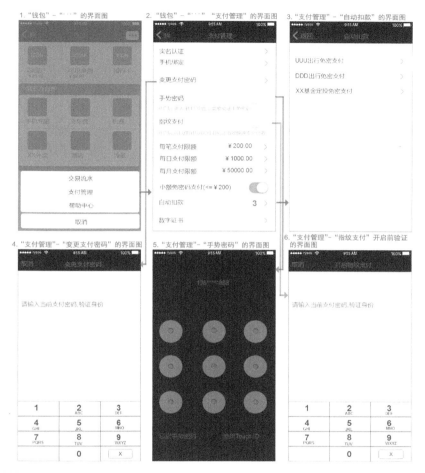

步骤详解

1. "钱包"－"…"的界面图：点击"…"按钮后，显示的功能框。

2. "钱包"－"…"－"支付管理"的界面图：点击"支付管理"按钮后，显示支付管理功能。

3. "支付管理"－"自动扣款"的界面图：点击"自动扣款"按钮后，可见已签约的项目。

4. "支付管理"－"变更支付密码"的界面图：点击"指纹支付"开启，需要输入支付密码。

5. "支付管理"－"手势密码"的界面图：点击"手势密码"开启，需要制定手势密码。

6. "支付管理"－"指纹支付"开启前验证的界面图：点击"变更支付密码"按钮后，需要输入当前支付密码，验证身份。

4.15 "支付管理" - "自动扣款"的详细交互

步骤详解

1. **"支付管理" - "自动扣款"的界面图**：点击"自动扣款"按钮后，显示已签约项目。

2. **"代扣项目详情"的界面图**：点击"UUU 出行免密支付"按钮后，显示代扣项目详情。

3. **"扣款明细"的界面图**：点击"扣款明细"按钮后，显示自动代扣款明细。

4. **详细的交易信息（第三方合作）**：点击某条代扣消息后，显示交易信息详情，内容包括项目公司、支付金额、订单金额、商家优惠、商品代码、商家简称、当前状态、创建时间、付款时间、付款方式、交易号、订单号。

5. **"解约"确认提示框**：点击"解约"按钮，显示解除此商户协议的提示框。

6. **解约成功的"自动扣款"的界面图**：点击"确定"解约后，解约成功，已签约项目不显示解约的商户，商户不能自动扣款用户的金额。

4.16　"钱包"–"总资产"

步骤详解

1. "钱包"–"总资产"的界面图：总资产＝现金资产＋投资资产。

2. "电子资产证明"的界面图：点击"电子资产证明"按钮后，用户可以申请"个人可用余额收支明细""个人可用余额资产证明"。

3. 预览"电子资产证明"的界面图（参考案例图）：点击"预览"按钮后，可以查看放大的预览案例图。

4. "现金资产"的界面图：点击"现金资产"按钮后，显示现金资产的界面图。

5. "投资资产"的界面图：点击"投资资产"按钮后，显示投资资产的界面图。

6. 可用余额明细"交易流水"的界面图：点击"可用余额明细"，可以查看可用余额明细交易流水。

4.17 "钱包"-"现金资产"-"充值"（可用余额）

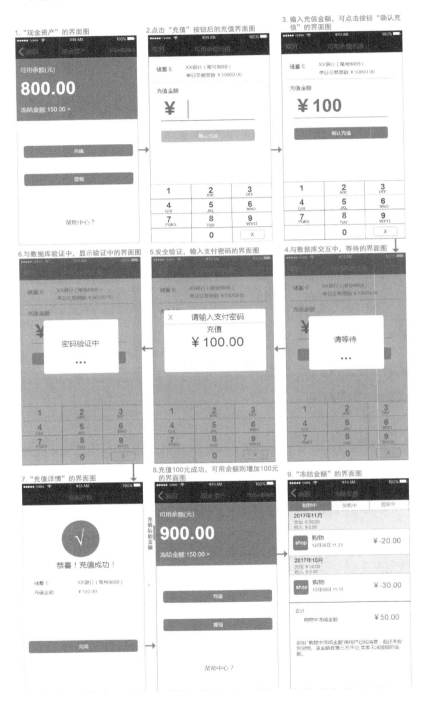

步骤详解

1. **"现金资产"的界面图**："可用余额"的充值交互，在"现金资产"页面里可见"充值"的功能。

2. **点击"充值"按钮后的充值界面图**：充值界面包括的内容有储蓄卡（用户可更换已绑定的银行卡充值）、单日交易限额、输入充值金额、确认充值。

3. **输入充值金额，可点击按钮"确认充值"的界面图**：默认显示上一次充值使用的银行卡、输入需要充值的金额，则"确认充值"按钮可用。

4. **与数据库交互中，等待的界面图**：点击"确认充值"按钮后，显示"请等待"的提示框。

5. **安全验证，输入支付密码的界面图**：显示提示框内容包括充值金额和需输入支付密码。

6. **与数据库验证中，显示验证中的界面图**：输入完成后，显示"密码验证中"的提示框。

7. **"充值详情"的界面图**：充值成功后，显示充值详情的内容包括充值成功提示、储蓄卡、充值金额、完成。

8. **充值 100 元成功，可用余额则增加 100 元的界面图**：点击"完成"后，则返回现金资产页面，可见"可用余额"的金额增加了 100 元。

9. **"冻结金额"的界面图**：点击"冻结金额"，则显示冻结金额的界面图，冻结金额包括购物中、预购中、提现中。

4.18 "钱包"-"现金资产"-"提现"

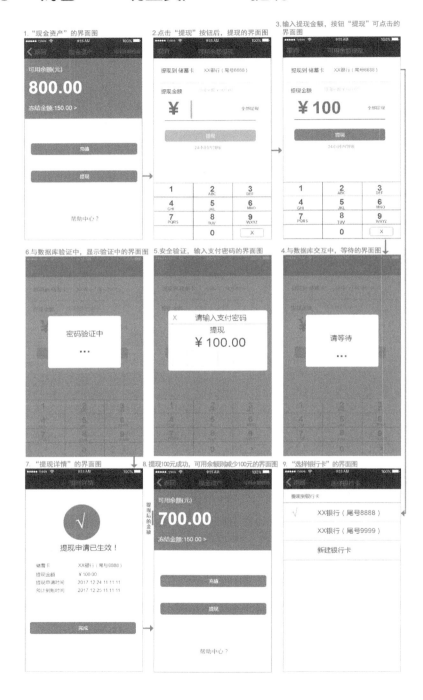

步骤详解

1. **"现金资产"的界面图**："可用余额"的提现交互，在"现金资产"页面里可见"提现"的功能。

2. **点击"提现"按钮后，提现界面图**：点击"提现"按钮后，提现界面包括的内容有储蓄卡（用户可更换已绑定的银行卡提现）、输入提现金额、确认提现。

3. **输入提现金额，按钮"提现"可点击的界面图**：默认显示上一次提现使用的银行卡、输入需要提现的金额，则"确认充值"按钮可用。

4. **与数据库交互中，等待的界面图**：点击"提现"按钮后，显示"请等待"的提示框。

5. **安全验证，输入支付密码的界面图**：显示提示框内容包括提现金额和需输入支付密码。

6. **与数据库验证中，显示验证中的界面图**：输入完成后，显示"密码验证中"的提示框。

7. **"提现详情"的界面图**：提现成功后，显示提现详情的内容包括提现成功提示、储蓄卡、提现金额、提现申请时间、预计到账时间。

8. **提现 100 元成功，可用余额则减少 100 元的界面图**：点击"完成"后，则返回现金资产页面，可见"可用余额"的金额减少了 100 元。

9. **"选择银行卡"的界面图**：点击"银行卡"按钮后，显示"选择银行卡"的界面，内容包括已经绑定的银行卡和新建银行卡。

4.19 "钱包"－"银行卡"（添加绑定银行卡）

步骤详解

1. **"银行卡"入口：** 添加绑定银行卡的交互。

2. **"银行卡"界面图：** 点击"银行卡"按钮后，显示所有已经绑定的银行卡。

3. **"添加银行卡"界面图：** 点击"+"按钮后，显示添加银行卡的界面图。

4. **"添加银行卡"的持卡人说明界面图：** 点击"！"按钮后，显示持卡人说明的提示框。

5. **"添加银行卡"的"安全保障"界面图：** 点击"安全保障"按钮后，显示安全保障的提示框。

6. **"添加银行卡"输入"卡号"后的界面图：** 点击"卡号"输入框后，输入卡号后的页面，"下一步"按钮可用。

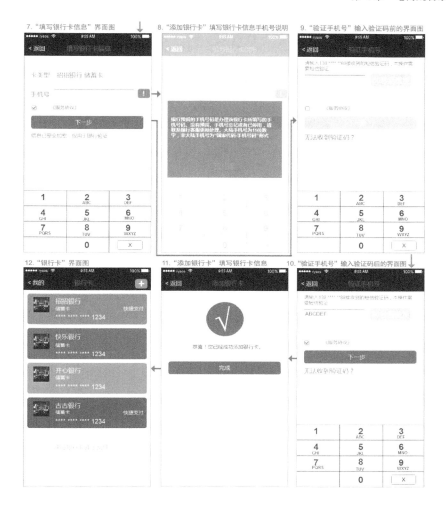

7. "填写银行卡信息"界面图：点击"下一步"按钮，显示填写银行卡信息页面。

8. "添加银行卡"填写银行卡信息手机号说明：点击"！"按钮后，显示手机号说明提示框。

9. "验证手机号"输入验证码前的界面图：点击"下一步"按钮后，则需要输入手机号获取到的验证码。

10. "验证手机号"输入验证码后的界面图：输入验证码后，则"下一步"按钮可用。

11. "添加银行卡"填写银行卡信息：点击"下一步"按钮后，则显示绑卡成功的界面图。

12. "银行卡"界面图：银行卡添加成功后，显示添加成功的银行卡。

4.20 银行卡详细页面信息

步骤详解

1. **"银行卡"界面图：**银行卡详细页面信息的交互。

2. **"银行卡"详细界面图：**点击某张已经绑定的银行卡后，显示该卡详细的资料信息。

3. **"更多"界面图：**点击"…"更多页面后，显示功能框，功能包括解绑银行卡、取消。

4. **"银行热线"详细界面图：**点击"银行热线"按钮后，显示银行电话呼叫的功能提示框。

5. **"银行网点"详细界面图：**点击"银行网点"按钮后，显示详细的银行网点信息。

6. **"银行新闻"详细界面图：**点击"银行新闻"按钮后，显示详细的银行新闻。

4.21 "我"-"优惠券"详细交互

步骤详解

1. **"我"-"优惠券"入口的界面图**：点击"我"按钮后，显示优惠券的功能。

2. **优惠券的界面图**：点击"优惠券"按钮后，显示所有的优惠券。

3. **全部类型的界面图**：点击"全部类型"，显示的功能包括全部类型、礼物优惠券、充值优惠券、节日活动优惠券。

4. **系统赠送的界面图**：点击"系统赠送"，显示的功能包括全部、系统赠送、用户赠送。

5. **领取时间的界面图**：点击"领取时间"，显示的功能包括全部、获取时间、到期时间。

6. **优惠券更多功能的界面图**：点击"…"按钮后，显示的功能包括添加优惠券、优惠券使用帮助。

4.22 手动添加"优惠券"的交互

步骤详解

1. **优惠券更多功能的界面图**：点击"⋯"按钮后，可见有添加优惠券的功能。

2. **"添加优惠券"输入优惠券密码前的界面图**：点击"添加优惠券"按钮后，显示添加优惠券的框。

3. **"添加优惠券"输入优惠券密码后的界面图**：输入添加优惠券密码后，"确定"按钮可用。

4. **优惠券验证码与数据库验证中的界面图**：点击"确定"按钮后，显示"验证中"提示框。

5. **优惠券验证码验证成功后的界面图**：验证后，显示"恭喜！成功添加优惠券"提示框。

6. **添加优惠券成功后，此页面显示新优惠券的界面图**：优惠券界面显示成功手动添加的优惠券。

4.23　"我"-"日常任务"的详细交互

步骤详解

1. "我"-"日常任务"的界面图: "日常任务"的交互说明。

2. 今天 7 日,签到 7 日的界面图: 点击"日常任务"后,显示日常任务的界面图。

3. 今天 10 日,签到 10 日的界面图: 签到达到条件后,可以"领取"奖励。

4. 领取奖品,显示领取成功的提示框: 点击"领取"按钮后,显示"恭喜!领取 × × × 成功"。

5. 领取奖品成功,显示已领取的界面图: 已领取的奖励,显示"已领取"。

6. 今天 11 日,11 日可点击签到的界面图: "11"日可签到,"11"日可点击签到的界面图。

4.24 "我"-"设置"的详细交互

步骤详解

1. "我"-"设置"的界面图："我"-"设置"的详细交互。

2. "设置"的界面图：点击"设置"按钮后，显示功能包括账号和安全、购物设置、消息通知、隐私、通用、帮助和反馈、关于、退出登录。

3. "账号和安全"的界面图：点击"账号和安全"的按钮后，显示的功能包括会员号、手机号、姓名、身份认证、邮箱、密码设置、支付设置、紧急联系人、登录设置管理、账号切换。

4. "购物设置"的界面图：点击"购物设置"按钮后，显示的功能包括购物管理、黑名单、蜂窝自动播放视频、蜂窝允许上传视频、后台继续播放、截图自动保存、自动显示商品图片、关注的商品降价提醒。

5. "消息通知"的界面图：点击"消息通知"后，显示的功能包括系统通知、活动通知、视频和语音聊天邀请通知、振动、声音、消息通知显示内容详情、消息通知免打扰。

6. "隐私"的界面图：点击"隐私"按钮后，显示的功能包括加我为好友需要验证、通过邮箱通知我、通过手机号添加我、通过 ID 号添加我、通过昵称添加我、推荐通讯录朋友给我。

7. "通用"的界面图：点击"通用"按钮后，显示的功能包括多语言、字体大小、聊天背景、表情管理、视频和图片、听筒模式、存储空间、清空聊天记录。

8. "帮助和反馈"的界面图：点击"帮助和反馈"按钮后，显示帮助和反馈的内容。

9. "关于"的界面图：点击"关于"按钮后，显示关于的内容包括 Appstore 评分、版本说明、版权信息、投诉和建议。

4.25　加入购物车的交互

步骤详解

1. **列表页（点击"标题 A"的购物车，加入购物车）**：加入购物车的交互，进入列表页，可见有加入购物车的功能按钮。

2. **弹出对话框提示，2 秒自动关闭**：点击"加入购物车"按钮后，显示提示框。

3. **右上角购物车显示收藏夹数量**：加入购物车成功后，右上角的购物车显示数量增加。

4. **列表页（点击"标题 B"的购物车，加入购物车）**：点击"标题 B"商品的购物车，即加入购物车。

5. **弹出对话框提示，2 秒自动关闭**：点击"加入购物车"按钮后，显示提示框。

6. **右上角购物车显示收藏夹数量**：加入购物车成功后，右上角的购物车显示数量增加。

4.26　自有平台的支付交互

步骤详解

1. 输入金额：自有平台的支付交互说明。

2. 准备购买：点击"完成"按钮后，缩小键盘框，可见"买入"按钮。

3. **等待中**：点击"买入"按钮后，显示"请等待"的提示框。

4. **输入支付密码**：数据库确认后，弹出"输入支付密码"的输入框。

5. **支付扣款中**：输入密码后，待数据库验证和处理，显示提示框"支付扣款中"。

6. **购买支付完成**：支付完成后，显示成交信息的内容，内容包括收款方信息、价格、商品信息、付款时间、支付方式、成交单号。

7. **成功购买**：点击"完成"按钮后，显示成功购买的内容，内容包括商品标题、价格、预计到货日、付款时间、预计到货时间。

3.1 **提示多个协议**：点击同意"服务协议"按钮后，显示所有的协议选择框。

3.2 **协议内页**：点击"协议1"按钮后，显示协议的内容包括标题和内容。

4.27 与第三方支付平台合作的支付交互

步骤详解

1. 输入金额，选择"微 × 支付"：在支付时，用户可以选择支付的方式。

2. 准备购买：选择好支付方式和勾选服务协议后，可以点击"买入"按钮。

3. 等待中：点击"买入"按钮后，显示"请等待"的提示框。

4. 切换至微 × 平台支付（微 × 平台界面）：自己平台验证后，跳转至第三方接口方平台，显示"微 × 支付"的界面图（自己平台给到数据第三方平台）。

5. 确认支付（微 × 平台界面）：在第三方接口方平台，可见"立即支付"按钮。

6. 输入支付密码（微 × 平台界面）：点击"立即支付"后，第三方平台弹出支付密码框。

7. 与数据库交互中（微 × 平台界面）：在第三方平台输入密码后，显示"微 × 支付"的提示框。

8. **支付成功（微 × 平台界面）**：第三方平台支付成功后，显示支付成功的页面。

9. **支付成功返回 自有平台界面**：点击"返回商家"按钮后，跳转回自己平台，显示提示框。

10. **等待中**：2 秒后，显示"请等待"的提示框。

11. **成功购买**：2 秒后，显示成功购买的界面。内容包括商品标题、价格、预计到货日、付款时间、预计到货时间、成交单号。

4.28 本章总结说明

电商购物系统包括 B2C、C2C、B2B、O2O。

B2C（Business to Customer）即商家卖给顾客。

C2C（Customer to Customer）即顾客卖给顾客。（如：团购）

B2B（Business to Business ）即商家卖给商家。

O2O（Online to Offline）即线下的交易机会，线上交易结算。线上和线下相结合。

不管是哪一类型的电商购物系统，其系统功能基本一致，只是看企业想怎么运作软件产品。

本章"电商购物系统"主要把电商系统的功能采用人和系统交互的图形方式说明和描述。

作者首先把电商购物系统的主要框架规划出来，再对主框架的每一个页面里的功能逐一讲解。

本电商系统可以使企业达到的效果：用户可以查看商家发布的商品，用户可以把商品加入收藏，用户可以绑定银行卡，用户可以充值和支付货款，用户可以查看购物信息，用户可以与其他用户沟通，从而满足社交电商购物系统的交互功能。

电商系统的商业性功能包括以下 5 个方面。

1. 广告。

2. 预充值（资产证券化）。

3. 销售产品的收入。

4. 成为用户 VIP 会员。

5. 企业与企业之间的合作（如充值话费、订机票、订酒店）。

第5章 互联网金融系统借款端交互

5.1 借款端的主要框架

1.互联网金融系统借款端"首页"的界面图

2."借款"的界面图

3."进度"的界面图

4."钱包"的界面图

5."我"的界面图

步骤详解

1. 互联网金融系统借款端"首页"的界面图：内容包括广告、运营财报、推荐产品。

2. "借款"的界面图：点击"借款"按钮后，显示借款的业务产品；可分为抵押贷、信用贷。

3. "进度"的界面图：点击"进度"按钮后，显示借款的贷前和贷后的进度。

4. "钱包"的界面图：点击"钱包"按钮后，显示钱包的相关功能。

5. "我"的界面图：点击"我"按钮后，显示我的相关功能。

5.2 "借款"的详细交互（申请）

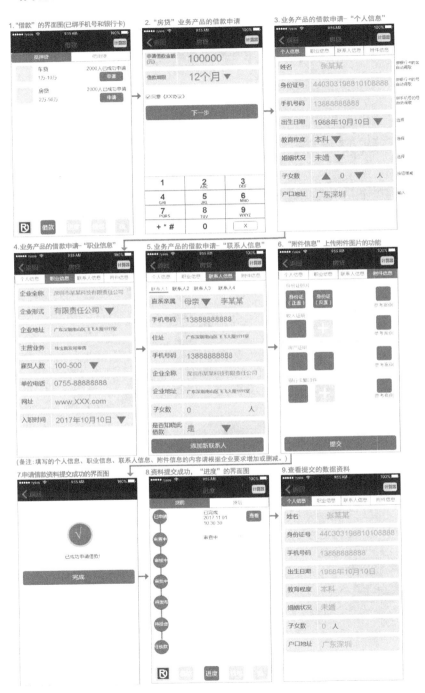

步骤详解

1. **"借款"的界面图（已绑手机号和银行卡）**：点击"借款"按钮后，可见业务产品，每个业务产品可见已成功申请的人数和"申请"按钮。

2. **"房贷"业务产品的借款申请**：点击业务产品房贷"申请"按钮后，显示的内容包括金额和期限。

3. **业务产品的借款申请–"个人消息"**：点击"下一步"按钮后，显示的个人资料，包括姓名、身份证号、手机号码、出生日期、教育程度、婚姻状况、子女数、户口地址等信息。

4. **业务产品的借款申请–"职业信息"**：点击"职业信息"按钮后，显示的内容包括企业名称、企业形式、企业地址、主营业务、雇员人数、单位电话、网址、入职时间。

5. **业务产品的借款申请–"联系人信息"**：点击"联系人信息"按钮后，显示的内容包括直系亲属、手机号码、企业全称、企业地址、子女数、是否知晓此借款。

6. **"附件信息"上传附件图片的功能**：点击"附件信息"按钮后，用户可上传身份证照片、收入证明、房产证明、银行卡复印件。

7. **申请借款资料提交成功的界面图**：数据填写齐全并点击"提交"按钮后，显示已成功申请借款的提示。

8. **资料提交成功，"进度"的界面图**：点击"完成"按钮后，在"进度"的界面可以查询。

9. **查看提交的数据资料**：点击"查看"按钮后，可以查看已经申请借款的资料。

5.3 "申请"后的系统自动评分

系统后台设置"个人信息"+"职业信息"+"联系人信息"+"附件信息"总分低于多少分，系统直接拒绝单。系统通过后，则人工审查

步骤详解

1. **"个人信息"的系统评分后页面**：系统后台设置后，自动给"个人信息"的评分。

2. **"职业信息"的系统评分后页面**：系统后台设置后，自动给"职业信息"的评分。

3. **"联系人信息"的系统评分后页面**：系统后台设置后，自动给"联系人信息"的评分。

4. **"附加信息"的评分后界面图**：系统后台设置后，自动给"附加信息"的评分。

5. **系统运营后台设置拒单的分值**：在运营后台，管理人员给每个模块设置评分合格标准。

6. **系统运营后台设置每一项获得分值的条件**：在运营后台，管理人员给每个模块的详细内容设置评分合格标准。

5.4　"借款"－"计算器"的交互

步骤详解

1. **"借款"的界面图（已绑手机号和银行卡）**：计算器的交互，在"借款"界面可见"计算器"的按钮。

2. **"计算器"输入数据后的界面图**：点击"计算器"按钮后，用户可选择贷款产品、选择还款方式、输入借款金额、输入期数、输入年化利率。

3. **"计算器"点击"开始计算"按钮后的界面图**：点击"开始计算"按钮后，计算出每期的应还本息、应还本金、应还利息、剩余本息。

4. **"信用贷"的界面图**：点击"信用贷"按钮后，显示的信用贷的业务产品。

5. **"已申请"过贷款的界面图**："车贷"已申请，按钮显示"已申请"的界面图。

6. **查看"已申请"提交的数据资料**：点击"已申请"按钮后，可以查看申请的资料。

7. **已申请过贷款，点击"申请"按钮的界面图**：如果已经申请过借款一笔，点击"申请"按钮后，显示"抱歉！您已申请过贷款，无法申请新的贷款"提示框。

5.5 "进度"的状态交互

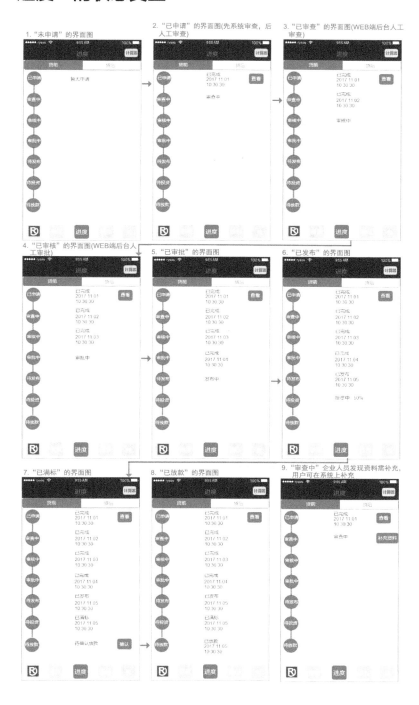

步骤详解

1. **"未申请"** 的界面图：用户还未申请借款时，显示暂无申请。

2. **"已申请"** 的界面图（先系统审查，后人工审查）：用户已经提交资料申请借款，显示已完成。

3. **"已审查"** 的界面图（WEB 端后台人工审查）：系统审查通过，审查员审查通过，显示已完成。

4. **"已审核"** 的界面图（WEB 端后台人工审批）：审核员通过审核，显示已完成。

5. **"已审批"** 的界面图：审批员通过审批，显示已完成。

6. **"已发布"** 的界面图：审批通过后，借款标的发布至理财平台，显示已发布。

7. **"已满标"** 的界面图：用户对借款标的投资满标后，显示已满标。

8. **"已放款"** 的界面图：待借款人确认后，显示已放款。

9. **"审查中"** 企业人员发现资料需补充，用户可在系统上补充：审查中，管理员可退回资料给借款人，让借款人补充填写指定的资料。

5.6 "钱包"的详细交互

步骤详解

1. "钱包"的界面图：点击"钱包"按钮后，显示钱包的界面图。

2. "隐藏"金额的界面图：点击"隐藏"按钮后，所有的金额显示为隐藏的金额。

3. "消息"的界面图：点击"消息"按钮后，显示消息中心内容。消息中心内容包括系统消息、还款通知、客户服务。

4. "贷款确认"的界面图（满标后确认和签合同）：点击"贷款确认"按钮后，显示投资满标后的合同和投资人信息，借款人需确认。

5. "还款"的界面图：点击"还款"按钮后，显示的还款中和历史借款的借款编号。

6. "交易流水"的界面图：点击"交易流水"按钮后，显示每月的收入和支出流水。

5.7 "钱包"–"消息中心"的详细交互

步骤详解

1. **"消息中心"的界面图**；点击"消息"按钮后，显示消息中心内容。

2. **"消息中心"–"搜索"的界面图**：点击搜索栏后，显示的搜索界面图，搜索页里面显示历史搜索记录。

3. **"消息中心"–"系统信息"的界面图**：点击"系统信息"按钮后，显示所有系统信息页。

4. **"消息"–"还款通知"的界面图**：点击"还款通知"按钮后，显示所有还款通知信息页。

5. **"消息中心"–"客户服务"的界面图**：点击"客户服务"，显示企业的在线客服人员。

6. **"消息"–"Apple 张"聊天的界面图**：点击客服"Apple 张"，即可与客服沟通。

5.8 "钱包"—"贷款确认"的详细交互

步骤详解

1. **"贷款确认"的界面图（满标后确认和签合同）**：点击"贷款确认"按钮后，显示借款信息和投资信息、合同。

2. **"借款合同"的界面图**：点击"借款合同"按钮后，显示借款合同的文本。

3. **"委托划扣合同"的切换界面图**：点击"借款合同"按钮后，可以切换其他合同。

4. **"贷款确认"弹出框确认的界面图**：点击"确认"按钮后，弹出的贷款确认提示框。

5. **借款成功显示提示信息的界面图**：点击提示框"确认"按钮后，弹出的成功借款提示框。

6. **借款 5 万元成功，可用余额会有 5 万元，可以提现**：借款成功后，可用余额会有对应的借款额，借款用户需自动提现。

5.9 "钱包"–"还款"的详细交互

步骤详解

1. **"还款"的界面图：**点击"还款"按钮后，可见有还款中和历史借款的借款编号。

2. **"每期还款"的界面图：**点击"每期还款"按钮后，可查询每一期还款信息和还款操作。

3. **"提前结清"的界面图：**点击"提前结清"按钮后，借款用户可以一次性还款本笔借款。

4. **历史借款"每期还款"的界面图：**点击历史借款的"借款编号"框后，显示历史借款的信息；包括期数、应还本息、应还本金、应还利息、剩余本息、状态。

5. **历史借款"提前结清"已结清的界面图：**由于已经还清，提前结清页面的界面图。

6. **点击"未还"按钮弹出的提示框界面图：**点击"未还"按钮后，弹出的还款确认框。

5.10 "可用余额"充足的还款交互

步骤详解

1. **"每期还款"的界面图**：点击"借款编号"框，显示的界面图。

2. **点击"未还"按钮弹出的提示框界面图**：点击"未还"按钮后，弹出显示的还款确认信息。

3. **与数据库交互中的界面图**：点击"确认归还"按钮后，显示的请等待提示框。

4. **成功还款的提示框**：系统处理完成后，显示提示框"恭喜您！已经成功还款！"。

5. **成功还款，还款的金额冻结**：成功还款后，由于还未到还款日，可见还款在冻结金额里。

6. **还款日系统划扣冻结金额**：还款日系统划扣冻结金额，可见冻结金额减少，系统划扣成功。

5.11 "可用余额" 不足的充值还款交互

步骤详解

1. **"每期还款"** 的界面图：可用余额不足的充值还款交互。

2. **点击"未还"按钮弹出的提示框界面图**：可用余额小于应还本息，则余额不足。点击"未还"按钮后，显示的余额不足提示框，用户可以取消操作或充值还款操作。

3. **充值还款的界面图**：点击"充值还款"按钮后，显示的充值界面图；自动显示充值金额等于应还本息。

4. **与数据库交互中的等待界面图**：点击"下一步"按钮后，显示提示框"请等待"。

5. **输入支付密码的界面图**：系统处理完成后，弹出显示框，即可输入支付密码。

6. **与数据库交互中的界面图（验证密码和银行扣款）**：验证密码和银行扣款；输入密码后，显示"请等待"提示框。

7. **成功还款的提示框**：系统处理完成后，弹出提示框"恭喜您！已经成功还款！"

8. **"每期还款"的界面图更新**：还款成功后，可见状态从"未还"变为"已还"。

9. **成功还款，还款的金额冻结**：还款成功后，冻结金额为已还款的金额。

5.12 "可用余额"不足的自动划扣银行卡还款交互

步骤详解

1. **"每期还款"的界面图（还款日 30 号）**：还款日为 30 号，现在刚好 30 号需要还款，用户可用余额为 0 元。

2. **系统自动划扣用户绑定的银行卡（需签划扣合同）**：系统自动在 30 号还款日，划扣用户银行卡金额至可用余额（业务上需要用户和企业签划扣合同，技术上需要与第三方划扣企业合作）。

3. **自动还款**：系统自动把可用余额划至冻结金额，再由冻结金额划扣，划扣后金额还给投资人。

5.13 "钱包"–"交易流水"的详细交互

步骤详解

1. **"交易流水"的界面图**：交易流水的详细交互。

2. **"筛选"的界面图**：点击"筛选"按钮后，显示交易类型的选择，选项包括全部、充值、提现、还款划扣、退款。

3. **"交易类型"–"充值"的界面图**：点击"充值"，可以查看所有的充值流水。

4. **"交易流水"–"交易详情"的界面图**：点击某一栏目流水后，显示流水的交易详情。

5. **"交易流水"–"交易详情"的界面图（有退款）**：交易详情有退款金额情况的界面图。

6. **"钱包"的金额显示界面图**：钱包的总资产、可用余额、冻结金额的计算逻辑都与交易流水相关。

5.14 "钱包"-"充值"的详细交互

步骤详解

1. "钱包"的界面图：充值功能的详细交互。

2. "充值"的界面图：点击"充值"按钮后，显示充值的界面。用户可以变更绑定的银行卡、用户可以输入充值金额。

3. "充值"输入金额后的界面图：用户输入金额后，按钮"下一步"可用。

4. 与数据库交互中的等待界面图：点击"下一步"按钮后，显示"请等待"提示框。

5. 输入支付密码的界面图：用户确认充值金额后，需要输入支付密码。

6. 与数据库交互中的界面图（验证密码和银行扣款）：支付密码验证和银行扣款的处理运作。

7. "充值成功"的界面图：充值成功后，显示的充值成功界面图。显示的内容包括储蓄卡、充值金额、交易时间。

8. "钱包"充值成功后更新数据的界面图：点击"完成"按钮后，在"钱包"–"可用余额"里，可用余额会增加充值成功的金额。

5.15 "钱包"-"提现"的详细交互

步骤详解

1. "钱包"的界面图（提现）：提现功能的详细交互说明。

2. "提现"的界面图：点击"提现"按钮后，显示提现的界面。用户可以变更绑定的银行卡，也可以输入提现金额。

3. "提现"输入金额后的界面图：用户输入金额后，"提现"按钮可用。

4. 与数据库交互中的等待界面图：点击"提现"按钮后，显示"请等待"提示框。

5. 输入支付密码的界面图：用户确认提现金额后，需要输入支付密码。

6. 与数据库交互中的等待界面图（验证密码和提现）：支付密码验证和银行打款的处理运作。

7. "提现成功"的界面图：提现成功后，显示的提现成功界面图。显示的内容包括储蓄卡、提现金额、交易时间。

8. "钱包"提现成功后更新数据的界面图：点击"完成"按钮后，在"钱包"-"可用余额"里，可用余额会减少提现成功的金额；到账后，用户可以拿着银行卡去银行提现。

5.16 "充值"和"提现"更换银行卡的交互

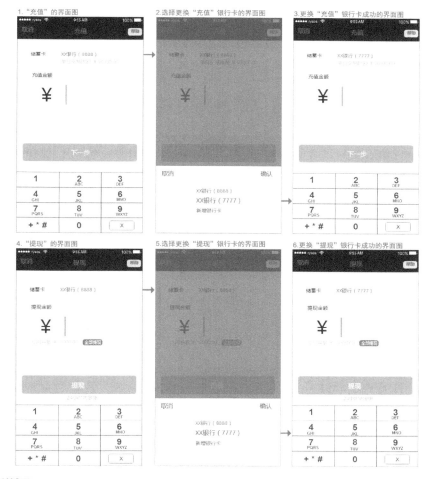

步骤详解

1. "充值"的界面图：充值时，可见"××银行（8888）"的按钮。

2. 选择更换"充值"银行卡的界面图：点击"××银行（8888）"的按钮后，显示已绑定的卡。

3. 更换"充值"银行卡成功的界面图：点击××银行（7777）后，储蓄卡显示新选择的银行卡。

4. "提现"的界面图：提现时，可见"××银行（8888）"的按钮。

5. 选择更换"提现"银行卡的界面图：点击"××银行（8888）"的按钮后，显示已绑定的卡。

6. 更换"提现"银行卡成功的界面图：点击××银行（7777）后，储蓄卡显示新选择的银行卡。

注意事项：每个银行的充值会有单日交易限额和单笔交易限额的规则。

5.17 "我"的详细交互

步骤详解

1. **"我"的界面图**：点击"我"按钮后，显示关于我的内容。内容包括个人资料、手机号、银行卡、借款资料、借款信息、还款信息、帮助中心、联系客服、设置。

2. **"个人资料"的界面图**：点击头像栏目后，显示个人资料信息，内容包括头像、会员号、姓名、地址。

3. **"手机号"的界面图**：点击"手机号"按钮后，显示手机号的界面图，用户还可更换手机号。

4. **"银行卡"的界面图**：点击"银行卡"按钮后，显示银行卡页面。功能包括已经绑定的银行卡和添加银行卡。

5. **"借款资料"的界面图（查看合同的资料）**：点击"借款资料"按钮后，显示借款编号。点击借款编号的框后，显示的内容包括借款金额、借款类型、申请日期、投资人信息、合同。

6. **"借款信息"的界面图（查看申请的信息）**：点击"借款信息"按钮后，借款用户查看申请的信息。

7. **"还款信息"的界面图（查看还款的信息）**：点击"还款信息"按钮后，借款用户查看还款的信息。

8. **"帮助中心"的界面图**：点击"帮助中心"按钮后，显示问题的类型的内容。包括账号问题、充值提现、借款和还款、其他功能、意见反馈。

9. **"设置"的界面图**：点击"设置"按钮后，显示功能包括账号和安全、借款和还款设置、消息通知、隐私、通用、帮助和反馈、关于。

5.18 "我"–"借款资料"的交互

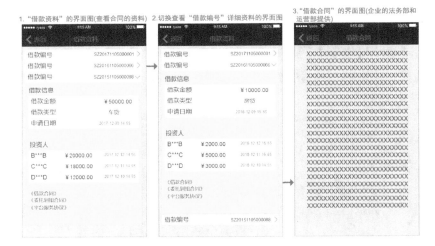

步骤详解

1. **"借款资料"的界面图（查看合同的资料）**：点击借款编号的框后，显示借款信息和投资人信息、合同。

2. **切换查看"借款编号"详细资料的界面图**：点击另一个借款编号的框后，即显示另一个框的借款编号的资料。

3. **"借款合同"的界面图（企业的法务部和运营部提供）**：点击"借款合同"按钮后，显示借款合同。

注意事项：通常合同的文字资料不变，会变的内容包括借款用户和投资用户的姓名、身份证号、手机号、日期、金额，这些数据都是调用数据库的数据。

5.19 "我"-"借款信息"的交互

步骤详解

1. "借款信息"的界面图（查看申请的信息）：借款信息的交互。

2. "借款信息"–"借款编号"–"个人信息"的界面图：点击借款编号的框，显示个人信息内容；用户只能查看，不能修改。

3. "借款信息"–"借款编号"–"职业信息"的界面图：显示职业信息的内容。

4. "借款信息"–"借款编号"–"联系人信息"的界面图：显示联系人信息的内容。

5. "借款信息"–"借款编号"–"附件信息"的界面图：显示附件信息的内容。

6. 照片放大的界面图：点击图片缩略图后，显示放大的图片。

注意事项: 用户只能查看信息内容,不能修改。如果审核发现以前申请借款的内容和现在申请借款的内容出入较大,那么借款将失败。

5.20 "我"-"还款信息"的交互

步骤详解

1. "还款信息"的界面图:还款信息的交互。

2. "每期还款"的界面图(正常状态):正常状态有已还和未还。

3. "每期还款"的界面图(逾期状态):逾期状态有已还、逾期未还、未还。逾期需要罚的。

4. 点击"已还"按钮弹出的提示框的界面图:点击"已还"按钮,显示已归还的信息内容。

5. 点击"未还"按钮弹出的提示框的界面图:点击"未还"按钮,显示本期归还的信息内容。

6. 点击"逾期未还"按钮弹出的提示框的界面图：点击"逾期未还"按钮后，显示应还本息和逾期费用、逾期天数、合计需归还的内容。

5.21　本章总结说明

本章"互联网金融系统借款端"主要把互联网金融系统借款端的功能采用人和系统交互的图形方式说明和描述。

作者首先把互联网金融系统借款端系统的主要框架规划出来，再对主框架的每一个页面里的功能，逐一讲解。

互联网金融借款端系统可以使企业达到的以下效果。

1. 用户能够借款和还款，借款平台就基本可以运作了。

2. 用户借款涉及的流程：业务的借款产品、借款查询的进步、绑定银行卡、绑定手机号码、提现、填写借款资料和上传资料、业务的计算公式、贷款确认。

3. 用户还款涉及的流程：充值、每期还款、提前结清、充值还款、划扣还款。

4. 辅助类功能：帮助中心、联系客服、设置、交易流水、消息中心。

5. 前期需要合作的企业：短信收发接口、银行的划扣接口。

6. 中后期需要合作的企业：担保公司、征信企业、大数据企业、反欺诈的企业、同行的借款和理财的企业、催收的企业。

互联网金融系统商业性功能如下。

1. 广告。

2. 推荐用户。

3. 服务费收入。

4. 成为用户 VIP 会员。

5. 企业与企业之间的合作（如充值话费、订机票、订酒店）。

第6章　互联网金融系统理财端交互

6.1　互联网金融系统理财端主要框架

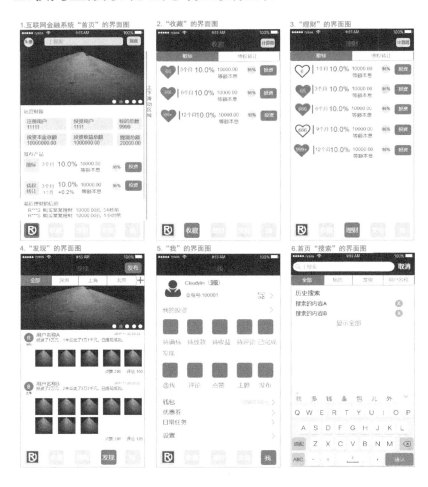

步骤详解

1. 互联网金融系统"首页"的界面图：互联网金融系统理财端的首页。

2. "收藏"的界面图：点击"收藏"按钮后，显示的收藏的标的，标的包括散标和债权转让。

3. "理财"的界面图：点击"理财"按钮后，显示所有的理财标的。

4. "发现"的界面图：点击"发现"按钮后，显示平台用户发布的内容。

5. "我"的界面图：点击"我"按钮后，显示我的相关内容。

6. 首页"搜索"的界面图：点击"搜索"按钮后，显示的搜索页面。

6.2 "首页"的详细交互

步骤详解

1. 互联网金融系统"首页"的界面图：首页的详细交互说明。

2. "散标"–"产品介绍"的界面图：点击散标的框后，显示的散标详细的产品介绍内容。

3. "散标"–"已投用户"的界面图：点击"已投用户"按钮后，显示已投的用户。

4. "散标"–"已投用户"滑动页面后的界面图：滑动内容后，显示更多的已投用户；显示的内容包括投资人昵称、是否在线、投资金额、投资时间。

5. "散标"–"产品介绍"滑动页面后的界面图：滑动内容后，显示更多的产品介绍；显示的内容包括产品介绍、交易规则、风险提示、借款人信息。

6. "最近理财的信息"的界面图：点击"最近理财的信息"，显示最近 50 人投资的信息。

6.3 "收藏"的详细交互

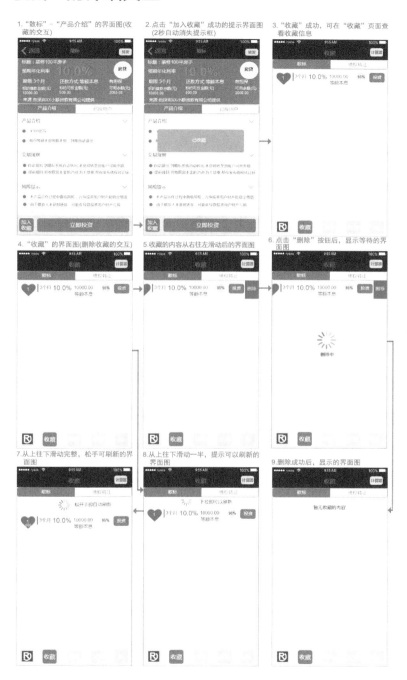

步骤详解

1. "散标" – "产品介绍"的界面图（收藏的交互）：添加收藏的交互说明。

2. 点击"加入收藏"成功的提示的界面图（2秒自动消失提示框）：点击按钮后，显示提示框"已收藏"，2秒后自动消失提示框。

3. "收藏"成功，可在"收藏"页面查看收藏信息：收藏成功后，可以点击"收藏"页面，即可以查看到收藏成功的标的。

4. "收藏"的界面图（删除收藏的交互）：删除收藏的交互说明。

5. 收藏的内容从右向往左滑动后的界面图：可见"删除"功能按钮。

6. 点击"删除"按钮后，显示等待的界面图：待系统处理，显示"删除中"的提示框。

7. 删除成功后，显示的界面图：删除收藏的信息成功后，在收藏里不再显示已删除的收藏内容。

8. 从上往下滑动一半，显示可以刷新的界面图：显示"下拉即可以刷新"。

9. 从上往下滑动完整，松手可刷新的界面图：显示"松开手即自动刷新"，实际松开手后刷新本页面。

6.4 "立即投资"的详细交互

1. "散标" - "产品介绍"的界面图
2. 点击"立即投资"按钮后，显示输入金额的界面图
3. 输入金额后的界面图
6. "可用余额"充足，引导用户确认投资的界面图
5. "可用余额"不足，引导用户充值的界面图
4. 提交后，请等待的界面图(与数据库交互)
7. 支付中，与数据库验证密码和扣款的界面图
8. 使用银行卡充值并投资，成功后的界面图
9. 使用可用余额投资，成功后的界面图

步骤详解

1. **"散标"－"产品介绍"的界面图**："立即投资"的详细交互。

2. **点击"立即投资"按钮后，显示输入金额的界面图**：点击"立即投资"按钮后，弹出键盘和输入金额框，同时可选择优惠券。

3. **输入金额后的界面图**：用户输入金额后，显示"确认"按钮的界面图。

4. **提交后，请等待的界面图（与数据库交互）**：与数据库交互，显示"请等待"提示框。

5. **"可用余额"不足，引导用户充值的界面图**：自动计算使用银行卡需充值的金额，使系统支持"可用余额＋充值金额＝投资金额"和"充值金额＝投资金额"的投资方式。

6. **"可用余额"充足，引导用户确认投资的界面图**：用户需输入支付密码支付投资金额。

7. **支付中，与数据库校验密码和扣款的界面图**：输入支付密码后，显示"支付中…"提示框。

8. **使用银行卡充值并投资，成功后的界面图**：系统处理完成后，显示"投资详情"的页面；内容显示储蓄卡、投资金额、可用余额。

9. **使用可用余额投资，成功后的界面图**：系统处理完成后，显示"投资详情"的页面；内容显示投资金额、可用余额。

6.5 "理财"的详细交互

步骤详解

1. **"理财"的界面图**：点击"理财"按钮后，显示的界面图。

2. **"散标"－"产品介绍"的界面图**：点击"投资"按钮后，显示的标的页面。

3. **"已收藏"的提示界面图（2秒后提示框消失）**：点击"加入收藏"，弹出已收藏提示框，2秒后提示框消失。

4. **"取消收藏"的界面图（2秒后提示框消失）**：点击"取消收藏"的红心，弹出已取消收藏，2秒后提示框消失。

5. **从上往下滑动完整，松手可刷新的界面图**：松手后刷新界面，刷新的功能。

6. **收藏成功和取消收藏的界面图**：刷新后，可见第 4 个心型，你收藏了变为红色；第 5 个心型，你取消收藏后变为白色。

6.6 "标"的来源交互

步骤详解

1. **标的来源借款端**：待发布为已发布时，理财端显示标的。

2. **理财端显示标的界面图**：借款端进度显示为已发布，理财端显示标的。

3. **理财端满标的界面图**：当理财端投资用户投资满标时，按钮显示为"已满标"。

4. **理财端满标后，借款端显示"确认"的界面图**：满标后，借款用户待确认放款，点击"确认"按钮，签署合同。

5. **借款端借款用户确认后的界面图**：确认签署合同后，显示已放款。

6. **借款端确认后，理财端用户在"待收益"查询**：理财端用户可在"待收益"模块里查询投资的内容。

6.7 "发现"的详细交互

步骤详解

1. "发现"的界面图：点击"发现按钮"后，显示的发现内容。

2. 点击"发布"按钮后的界面图：点击"发布"按钮后，显示发布内容的界面图。

3. 图片点击后放大的界面图：点击缩略图后，显示的放大图片。

4. 点击内容后，显示"全文内容"的界面图：显示的全文内容包括用户的评论内容。

5. 点击"+"按钮后，显示栏目定制的界面图：点击"+"按钮后，可以显示栏目定制。

6. 栏目由右滑到左的界面图：栏目滑动后，可以看见更多的栏目。

6.8 "发现"-"发布"的详细交互

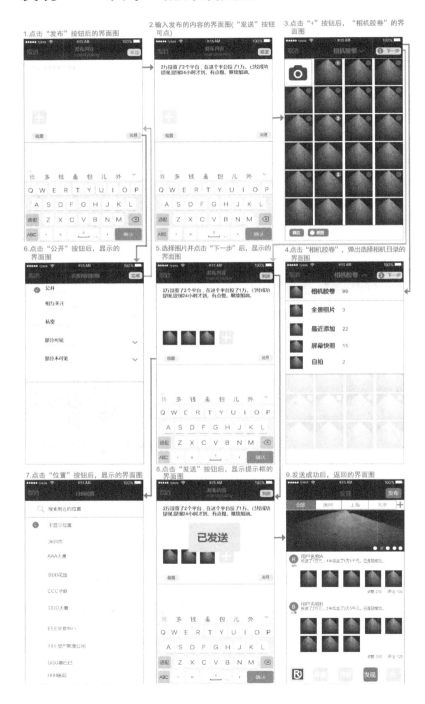

步骤详解

1. 点击**"发布"**按钮后的界面图：显示发布内容的界面图。

2. 输入发布的内容的界面图（**"发送"**按钮可点）：输入文字内容后，发送按钮可用。选填内容图片、位置、公开。

3. 点击**"+"**按钮后，**"相机胶卷"**的界面图：用户可以从相机胶卷选择 1 张或多张图片，可以预览和原图发布。

4. 点击**"相机胶卷"**，弹出选择相机目录的界面图：用户还可以从手机其他文件夹上传图片，常用文件夹有相机胶卷、全景照片、最近添加、屏幕快照、自拍。

5. 选择图片并点击**"下一步"**后，显示的界面图：发布内容时可见缩略图。

6. 点击**"公开"**按钮后，显示的界面图：设置阅读权限，选项包括公开、相互关注、私密、部分可见、部分不可见。

7. 点击**"位置"**按钮后，显示的界面图：根据 GPS 位置，显示的附近的建筑位置；（需要调用地图）

8. 点击**"发送"**按钮后，显示提示框的界面图：显示**"已发送"**提示框。

9. 发送成功后，返回的界面图：发布成功，可见**"发现"**内容显示你刚发布的内容。内容包括头像、位置、用户名称、文本内容、图片内容、点赞人数、评论数。

6.9 "相机胶卷"图片显示顺序的详细交互

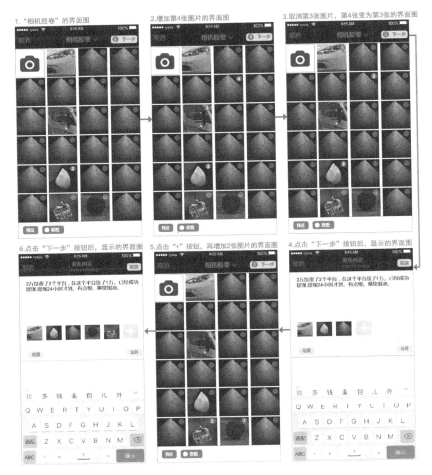

步骤详解

1. **"相机胶卷"的界面图**:相片显示顺序的交互,先选择3张图片。

2. **增加第4张图片的界面图**:点击"第4张图"后,显示4张图片。

3. **取消第3张图片,第4张变为第3张的界面图**:4张图片取消1张图片后,便显示为已选择的3张图片。

4. **点击"下一步"按钮后,显示的界面图**:发布内容页面里显示3张图。

5. **点击"+"按钮,再增加2张图片的界面图**:任意选择2张图片后,点击"下一步"按钮。

6. **点击"下一步"按钮后,显示的界面图**:显示新增的2张图片,共5张。

6.10 "相机胶卷"删除图片和调整顺序的详细交互

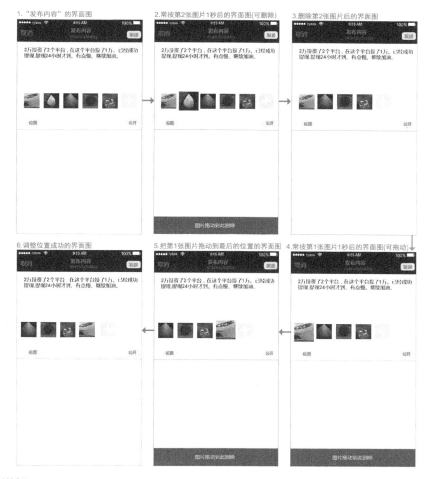

步骤详解

1. "发布内容"的界面图：删除图片和调整顺序的详细交互。

2. 常按第 2 张图片 1 秒后的界面图（可删除）：可见第 2 张图片变大，图片变大后可拖至 "图片拖动到此删除"删除和拖至其他图片的前后以调整位置。

3. 删除第 2 张照片后的界面图：图片拖动至"图片拖动到此删除"后，即删除片。

4. 常按第 1 张图片 1 秒后的界面图（可拖动）：第 1 张图片效果放大，用户可以拖动位置。

5. 把第 1 张图片拖动到最后的位置的界面图：拖动到最后的位置后，显示的界面图。

6. 调整位置成功的界面图：调整位置完成后，显示正常的缩略图，图片不再可以拖动。

6.11 "目前位置"的详细交互

步骤详解

1. **"目前位置"的界面图**：默认不显示位置。

2. **点击"搜索附件的位置"按钮后的界面图**：显示搜索附件的位置的搜索界面。

3. **输入"AAA"后的界面图**：用户输入搜索的内容 AAA 后，用户可删除内容重新输入，可以取消搜索。

4. **用手由下向上滑动后的界面图**：滑动屏幕后，显示定位附近的地址。

5. **点击确认位置"CCC 华庭"后的界面图**：选择定位位置后，"发布内容"的界面显示位置。

6. **点击位置"CCC 华庭"按钮后的界面图**：可更换定位的位置。

6.12 "我"的详细交互

步骤详解

1. "我"的界面图:"我的投资""发现"的详细交互说明。

2. "我的投资"-"待满标"的界面图:点击"待满标"按钮后,显示我的投资的界面图。

3. "发现"-"@ 我"的界面图:点击"@ 我"按钮后,显示用户发布和评论 @ 我的内容。

4. "发现"-"评论"的界面图(我评论其他人):点击"评论"按钮后,显示我评论的内容。

5. "发现"-"点赞"的界面图:点击"点赞"按钮后,显示点赞的内容。

6. "发现"-"主题"的界面图(我发布的主题内容):点击"主题"按钮后,显示我发布的内容。

6.13 "我"-"我的投资"的详细交互

步骤详解

1. "我"的界面图：待满标、待放款、待收益、待评论、已完成的界面图。

2. "我的投资"-"待满标"的界面图：点击"待满标"后，投资用户可以查询标的进度。

3. "我的投资"-"待放款"的界面图：点击"待放款"后，投资用户等待借款人签合同。

4. "我的投资"-"待收益"的界面图：点击"待收益"后，借款人获取借款后，投资用户可见待收益的标的。

5. "我的投资"-"待评论"的界面图：点击"待评论"后，投资用户已经获得本息，可以对标的评论。

6. "我的投资"-"已完成"的界面图：点击"已完成"后，投资用户已经获取本息或标的已流标。

6.14 "我"-"发现"-"@ 我"的详细交互

步骤详解

1. "发现"-"@ 我"的界面图：用户发布的内容和评论的内容有"@ 你"的都显示。

2. 设置：点击"设置"按钮后，显示将收到这些人 @ 我的提醒和推送通知的设置。

3. "回复评论"的界面图：点击"回复"后，显示回复评论的界面图。

4. "用户名称 B" @mandybaby，mandybaby 评论的界面图：点击"评论"后，显示的评论文章界面图。

5. 点击"@ 我"按钮，弹出选择框的界面图：内容包括"所有 @ 我""我关注的人 @ 我"。

6. "发现"-"@ 我"，我点赞后的界面图（显示红色）：我点赞的主题内容后，显示红色的点赞数量，并且数量增加 1。

6.15 "我"－"发现"－"评论"的详细交互

步骤详解

1. **"发现"－"评论"的界面图**：我发布的主题有新评论和新点赞显示的数量。

2. **我发布的主题有新评论的界面图**：点击主题内容的框，显示该主题详细的内容。

3. **点击头部"新的评论"按钮，弹出选择框的界面图**：内容包括全部新评论、我发布的主题有新评论、我发布的主题有新点赞、我的评论有新回复、我的评论有新点赞。

4. **我发布的主题有新点赞的界面图**：点击"点赞"按钮后，显示所有的点赞用户和时间。

5. **我（Cloudylin）的评论有新回复**：Cloudylin 评论了 F 的主题，Y 回复了 Cloudylin 的评论。

6. **我的评论（Cloudylin）有新点赞**：Cloudylin 评论了 F 的主题，Y 点赞了 Cloudylin 的评论。

6.16 "我"–"发现"–"点赞"的详细交互

步骤详解

1. **"发现"–"点赞"的界面图**：点赞的详细交互。

2. **"用户点赞我的评论"的界面图**：登录用户评论其他用户，有人点赞登录用户的评论。

3. **"用户点赞我的主题"的界面图**：登录用户发布主题，其他用户点赞登录用户的主题。

4. **点击顶部"点赞"按钮，弹出选择框的界面图**：点击"点赞"按钮，显示的内容包括所有点赞、用户点赞我的评论、用户点赞我的主题。

5. **"设置"的界面图**：点击"设置"按钮，显示将收到这些人点赞的提醒和推送通知的设置。

6. **"设置"推送通知开启，"点赞"显示未读的点赞数**："我"的界面推送。

6.17 "我"－"发现"－"主题"的详细交互

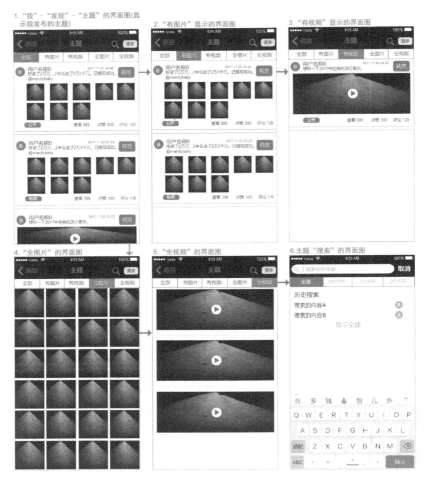

步骤详解

1. "我"－"发现"－"主题"的界面图（显示我发布的主题）：主题的详细交互。

2. "有图片"显示的界面图：有图片指用户发布的主题有图片的主题。

3. "有视频"显示的界面图：有视频指用户发布的主题有视频的主题。

4. "全图片"的界面图：指发布的主题，不看文字内容，只看图片。

5. "全视频"的界面图：指发布的主题，不看文字内容，只看视频。

6. 主题"搜索"的界面图：点击"搜索"按钮后，显示的界面图。用户可以按时间搜索。

6.18 "我"—"钱包"的详细交互

步骤详解

1. "我"—"钱包"的界面图：点击"钱包"按钮后，显示的钱包相关的功能。

2. "…"的界面图：点击"…"按钮后，显示的功能包括交易流水、收益明细、支付管理、支付安全、帮助中心、取消。

3. "银行卡"的界面图：点击"银行卡"按钮后，显示的已绑定银行卡。

4. "支付管理"的界面图：点击"支付管理"按钮后，显示支付管理的相关功能；内容包括实名认证、手机绑定、变更支付密码、手势密码、指纹支付、支付限额、小额免密码支付、自动扣款、数字证书。

5. "我的投资"的界面图：点击"在库投资"框后，显示我的投资。

6. "交易流水"的界面图：点击"交易流水"，显示每月的支出和收入流水信息。

6.19　本章总结说明

理财端平台的借款标的，肯定要来自真实的借款人，才能做到合规。仅有理财平台，可以与小额贷款企业、银行合作。由小额贷款企业、银行提供借款人信息。理财端的平台发布，为借款人筹集借款。在还款日小额贷款企业、银行合作，给到理财端平台本息，理财端平台再给到理财人。

互联网金融理财端系统可以达到以下效果。

1. 用户能够理财，按时获取本息（理财平台基本运作交互功能）。

2. 用户理财涉及的流程包括充值、提现、绑定银行卡、绑定手机号码、查询投资的进度、业务的计算公式、投资标的（散标、债权转让标的）。

3. 辅助类功能包括社交功能、优惠券、日常任务、设置、交易流水、消息中心、收藏。

4. 前期需要合作的业务包括短信收发接口、银行的托管和存管。

5. 中后期需要合作的企业包括担保公司、同行的借款和理财的企业。

互联网金融理财端系统商业性功能如下。

1. 广告。

2. 推荐用户投资。

3. 服务费收入。

4. 成为用户 VIP 会员。

5. 企业与企业之间的合作（如充值话费、订机票、订酒店）。

第 7 章　社交系统交互

7.1　社交系统的主要框架

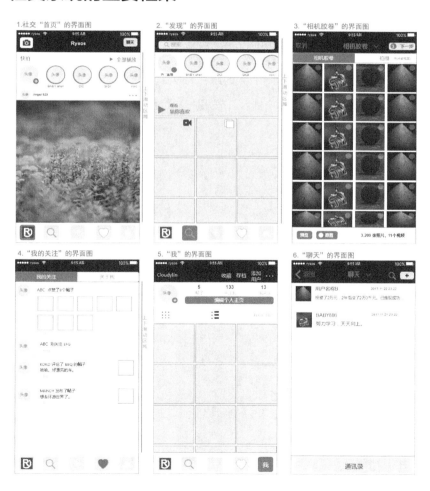

步骤详解

1. 社交**"首页"**的界面图：社交系统进入系统后的首页显示图；显示的内容包括拍照、聊天、快拍、用户发布的图片等。

2. **"发现"**的界面图：点击"发现"按钮后，显示发现的界面图；显示的内容包括搜索、热门直播、猜你喜欢、单张图片、多张图片、视频的内容。

3. **"相机胶卷"**的界面图：点击"+"按钮后，显示相机胶卷的界面图；用户可以从相机胶卷或者拍摄（相片或视频）。

4. **"我的关注"**的界面图：点击"我"按钮后，显示我的关注的界面图；用户可以查看我的关注或关于我的内容。

5. **"我"**的界面图：点击"我"按钮后，显示关于我的内容；"我"的内容包括用户名称、收藏、存档、添加用户、更多、头像、帖子数量、关注我的人数、我关注的人数、编辑个人主页、查看自己发布的主题、有我的照片的照片。

6. **"聊天"**的界面图：点击首页的"聊天"按钮后，显示的聊天界面图；用户可以与系统里的用户互动交流。

7.2　开启相机和麦克风的权限

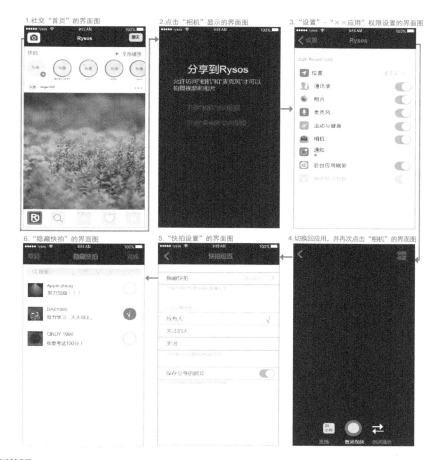

步骤详解

1. 社交"首页"的界面图：用户需开启权限，系统才可以访问用户的相机和麦克风。

2. 点击"相机"显示的界面图：用户首次点击"相机"按钮后，显示开启"相机"访问权限和开启"麦克风"访问权限的功能。

3. "设置"－"XX 应用"权限设置的界面图：用户点击"开启访问权限"按钮后，显示应用程序可开启的权限。

4. 切换回应用，并再次点击"相机"的界面图：开启权限后，用户再次点击"相机"按钮后，那么就进入"相机"的功能界面图。

5. "快拍设置"的界面图：点击"快拍设置"按钮后，显示的快拍设置的界面图。

6. "隐藏快拍"的界面图：点击"隐藏快拍"按钮后，可以对指定用户隐藏快拍和直播视频。

7.3 "聊天"的详细交互

步骤详解

1. 社交"首页"的界面图：聊天的详细交互，在首页可见功能有"聊天"按钮。

2. "聊天"的界面图（显示已发过信息的好友）：点击"聊天"按钮后，显示的聊天界面图，显示与用户聊天的栏目。

3. "选择用户"的界面图（找未发过信息的好友发送）：点击"+"按钮后，显示选择用户（关注的用户）的功能。

4. 聊天中的界面图：点击"下一步"按钮后，即进入与选择的用户聊天界面。

5. "详情"的界面图：点击" ! "详情按钮后，显示该用户的详情页。

6. 点击"已关注"按钮的界面图：点击"已关注"按钮后，显示确认停止关注用户的选择框。

7. "已停止关注"用户后的界面图：已停止关注后，则按钮由"已关注"变为"关注"。

8. "黑名单"的提示框：点击"黑名单"按钮后，显示将 ×× 用户加入黑名单的提示框和详细的说明。

9. 用户"BABY886"的界面图：点击用户框后，显示该用户资料页，可以看到用户发布的所有主题图片和相关社交内容。

7.4 用户个人信息页面的详细交互

步骤详解

1. **用户"BABY886"个人信息的界面图（已关注）**：用户个人信息页面的详细交互。

2. **"…"的界面图**：点击"…"按钮后，显示的功能包括复制 BABY886 的主页地址，分享此主页网址用户、发信息、隐藏快拍、开启发布通知、黑名单、举报、取消。

3. **用户"BABY886"个人信息的界面图（未关注）**：未关注用户显示的按钮为"关注"。

4. **复制 BABY886 的主页网址成功的界面图**：点击"复制 BABY886 的主页网址"后，显示提示框"主页网址已成功复制"。

5. **使用"粘贴"复制成功主页网址的界面图**：在聊天的输入框，用户便可以使用"粘贴"功能。

6. **使用粘贴成功，显示的界面图**：点击"粘贴"按钮后，复制的主页网址。

7.5 分享此主页网址给用户的详细交互

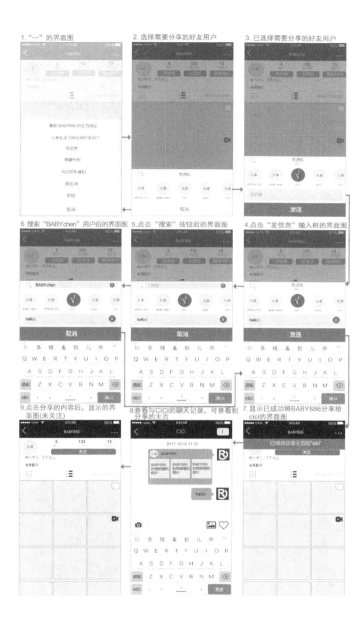

步骤详解

1. "···"的界面图：分享此主页网址给用户的详细交互。

2. **选择需要分享的好友用户**：点击"分享此主页网址给好友用户"后，显示选择好友用户的界面图；用户可以搜索好友用户或者直接手动寻找。

3. **已选择需要分享的好友用户**：选择好友用户 cici 后，显示已选用户标记、内容输入框和发送按钮。

4. **点击"发信息"输入框的界面图**：输入文字后，显示的界面图。

5. **点击"搜索"按钮后的界面图**：点击"搜索"按钮，显示搜索框的界面图。

6. **搜索"BABY.chen"用户后的界面图**：搜索框输入用户名称后，此用户则显示在第一个头像的位置。

7. **显示已成功将 BABY886 分享给 cici 的界面图**：选择用户 cici 和点击"发送"按钮后，则显示"已成功分享主页给 cici"。

8. **查看与 cici 的聊天记录，可查看到分享的主页**：点击"聊天"按钮，则进入与 cici 聊天，可见固定格式的分享内容（显示 3 张随机照片）。

9. **点击分享的内容后，显示的界面图（未关注）**：分享内容后，未关注此用户的界面图，可显示"关注"按钮。

7.6 "发信息"和"隐藏快拍"的交互

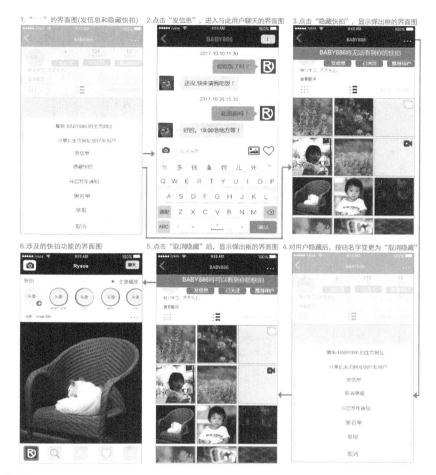

步骤详解

1. "…"的界面图（发信息和隐藏快拍）：发信息和隐藏快拍的交互。

2. 点击"发信息"，进入与此用户聊天的界面图：在 BABY886 的页面点击发信息按钮，显示 BABY886 聊天界面。

3. 点击"隐藏快拍"，显示弹出框的界面图：弹出"BABY886 将无法看到你的快拍"提示框。

4. 对用户隐藏后，按钮名字变更为"取消隐藏"：隐藏后，用户还可以设置"取消隐藏"。

5. 点击"取消隐藏"后，显示弹出框的界面图：弹出"BABY886 将可以看到你的快拍"提示框。

6. 涉及的快拍功能的界面图：在首页可见栏目"快拍"，设置的快拍可见和隐藏与此功能相关。

7.7 "开启"和"关闭"发布通知的交互

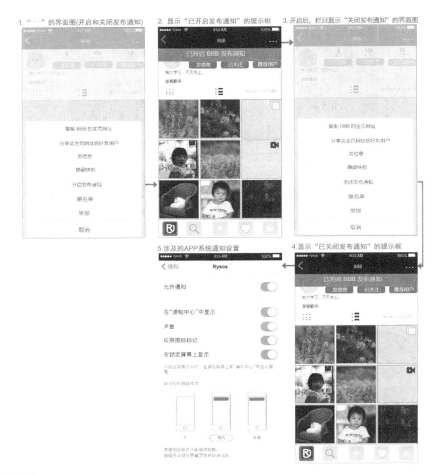

步骤详解

1. "···"的界面图（开启和关闭发布通知）：开启和关闭发布通知的详细交互。

2. 显示"已开启发布通知"的提示框：点击"开启发布通知"按钮后，显示"已开启BBB发布通知"提示框。

3. 开启后，栏目显示"关闭发布通知"的界面图：点击"···"后，可见"开启发布通知"按钮已经变更为"关闭发布通知"按钮。

4. 显示"已关闭发布通知"的提示框：点击"关闭发布通知"按钮后，显示"已关闭BBB发布通知"提示框。

5. 涉及的 APP 系统通知设置：通知的位置和信息相关设置。

7.8 "关注我"的交互

步骤详解

1. 用户"BABY886"个人信息的界面图（已关注）：关注我的详细交互。

2. 点击"帖子"按钮，显示的界面图：12 帖子说明用户发布了 12 个帖子，用户可见 12 个帖子的图。

3. 点击"关注我"按钮，显示的界面图："关注我"指用户关注我的人数。

4. 点击"搜索框"后，显示的界面图：弹出键盘，用户可以输入搜索的内容。

5. 输入内容后，搜索数据库显示的界面图：输入的内容与数据库互动，用户可见提示"搜索中"。

6. 搜索成功，显示的界面图：显示用户的内容包括头像、名称、标签、关注（取消关注）。

7.9 "发现"的详细交互

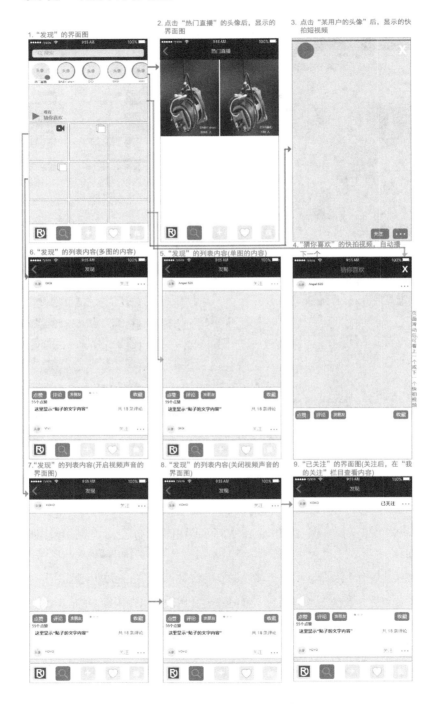

步骤详解

1. "发现"的界面图：发现的详细交互说明。

2. 点击"热门直播"的头像后，显示的界面图：显示热门直播的页面，每行显示两个主播用户。热门指在线用户数量前 100 名直播主。

3. 点击"某用户的头像"后，显示的快拍短视频：快拍的视频显示的功能内容包括时间条、头像、关闭、关注、更多。

4. "猜你喜欢"的快拍视频，自动播放下一个：页面上下滑动后可看上一个或下一个快拍视频。

5. "发现"的列表内容（单图的内容）：点击图片后，显示单图的主题内容。

6. "发现"的列表内容（多图的内容）点击多图的图片后，显示多图的主题内容，用户左右滑动图片，即可查看多图。

7. "发现"的列表内容（开启视频声音的界面图）点击视频的图片后，显示视频的主题内容。

8. "发现"的列表内容（关闭视频声音的界面图）点击小喇叭后，即关闭声音，看视频静音模式。

9. "已关注"的界面图（关注后，在"我的关注"栏目查看内容）：点击"关注"按钮后，显示"已关注"按钮。说明我自己关注了此用户，此用户发布的内容，可以在"我关注"的用户里查看。

7.10 "发布"的详细交互

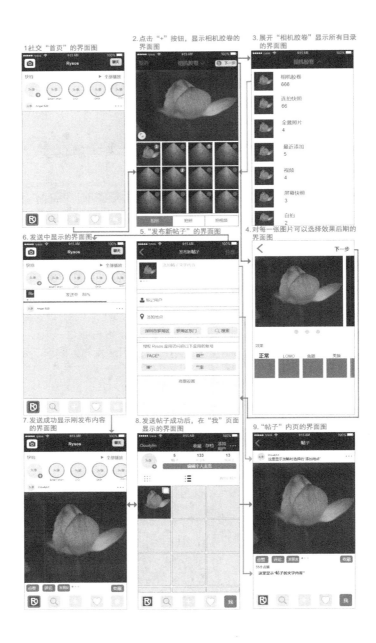

步骤详解

1. 社交"首页"的界面图：发布的详细交互说明，在首页可见"+"的按钮。

2. 点击"+"按钮，显示相机胶卷的界面图：上面显示选择的图片大图，下面显示相机胶卷的全部图片。

3. 展开"相机胶卷"显示所有目录的界面图：点击"相机胶卷 V"按钮后，显示相册的目录；常见的目录有相机胶卷、连拍快照、全景照片、最近添加、视频、屏幕快照、自拍。

4. 对每一张图片可以选择效果后期的界面图：选择好相片，点击"下一步"按钮后，用户可以对选择的图片进行快速后期美化处理。

5. "发布新帖子"的界面图：点击"下一步"按钮后，发布新帖子的页面显示已处理的图，"发布新帖子"用户可以添加帖子文字内容、标记用户、添加地点、授权本应用程序访问你以下的应用账号（发布帖子同时发布到其他社交平台）、高级设置。

6. 发送中显示的界面图：点击"分享"后，显示"发送中 ××%"进度条栏。

7. 发送成功显示刚发布内容的界面图：发送成功的内容，在首页即可看见。

8. 发送帖子成功后，在"我"页面显示的界面图：点击"我"按钮，可见刚发布的内容也显示，多图显示多图的标记。

9. "帖子"内页的界面图：点击图片后，可看帖子的详细内容。

7.11 "发布新帖子"-"标记用户"的详细交互

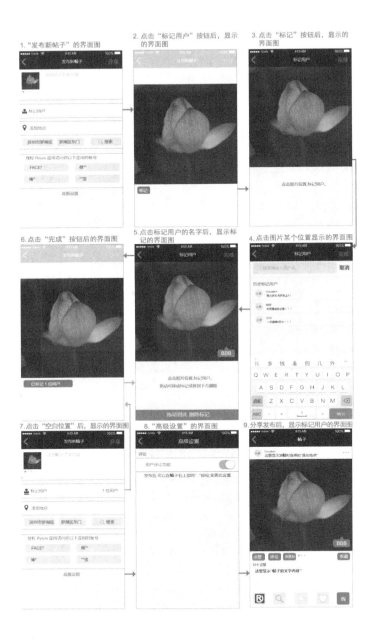

步骤详解

1. "发布新帖子"的界面图："标记用户"功能的详细交互说明。

2. 点击"标记用户"按钮后，显示的界面图：显示图片和标记按钮。

3. 点击"标记"按钮后，显示的界面图：用户点击图片位置即可标记用户。

4. 点击图片某个位置显示的界面图：点击位置后，即可输入需要标记的用户或选择历史标记用户。

5. 点击标记用户的名字后，显示标记的界面图：标记完成后，即可见图片出现标记；用户也可删除标记。

6. 点击"完成"按钮后的界面图：标记成功，图片的"标记"按钮变为"已标记 1 位用户"按钮。

7. 点击"空白位置"后，显示的界面图：返回至"发布帖子"的界面，可见栏目"标记用户"显示"1 位用户"，表示标记 1 位用户成功。

8. "高级设置"的界面图：用户评论功能可以开启或关闭。开启后用户可以评论，关闭后用户不可以评论。

9. 分享发布后，显示标记用户的界面图："有我的照片"栏目也会显示此图。标记用户 BBB，用户 BBB 在"有我的照片"功能里可以查看到此主题内容。

7.12 查看自己已发新帖子的详细交互

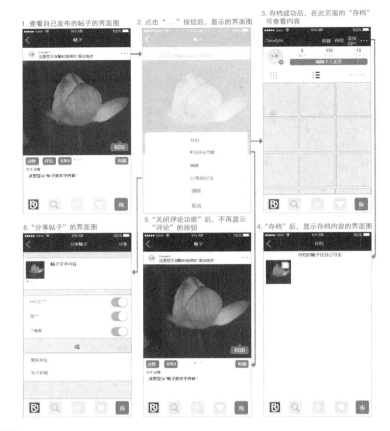

步骤详解

1. **查看自己发布的帖子的界面图**：查看自己发布新帖子的详细交互。

2. **点击"…"按钮后，显示的界面图**：功能包括存档、关闭评论功能、编辑、分享给好友、删除、取消。

3. **存档成功后，在此页面的"存档"可查看内容**：存档的内容可在"我"—"存档"查看。

4. **"存档"后，显示存档内容的界面图**：点击"存档"按钮后，显示的存档内容。

5. **"关闭评论功能"后，不再显示"评论"的按钮**：所有用户和自己都不可以评论。

6. **"分享帖子"的界面图**：点击"分享给好友"按钮后，可以把帖子分享给好友和分享至其他社交平台。

7.13 "我的关注"的详细交互

步骤详解

1. "我的关注"的界面图:"我的关注"功能页面的详细交互。

2. "关于我"的界面图:点击"关于我"按钮后,显示关于我的内容。"关于我"指用户评论我、关注我、点赞我、回复我。

3. 点击"头像"按钮,显示此用户资料的界面图:查看其他用户的用户资料的界面图。

4. 点击图片,进入帖子的详情内容页面的界面图:点击图片,显示主题的帖子详细内容。

5. 点击"共 × × 条评论"按钮,评论页面的界面图:显示所有的评论,用户可以评论主题或回复其他用户的评论,用户也可以点击主题或点赞用户评论。

6. 回复用户 CECE 评论的界面图:点击"回复"评论按钮后,弹出键盘并显示回复的用户名。

7.14 "我"的详细交互

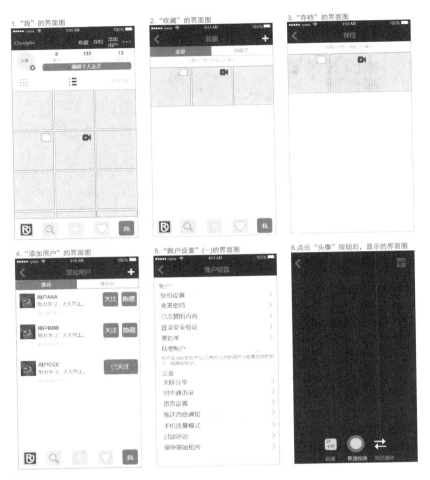

步骤详解

1. "我"的界面图："我"相关的功能的交互图。

2. "收藏"的界面图：点击"收藏"按钮后，自己可见自己收藏的内容。

3. "存档"的界面图：点击"存档"按钮后，自己可见自己存档的内容。

4. "添加用户"的界面图：点击"添加用户"按钮后，自己可见其他用户添加我的内容。

5. "账户设置"(…)的界面图：点击"账户设置"按钮后，显示功能包括快拍设置、变更密码、已点赞的内容、登录安全验证、黑名单、私密账户、关联分享、同步通讯录、语言设置、推送消息通知、手机流量模式、过滤评论、保存原始相片。

6. 点击"头像"按钮后，显示的界面图：用户可以更换新的头像。

7.15 "我"–"收藏"的详细交互

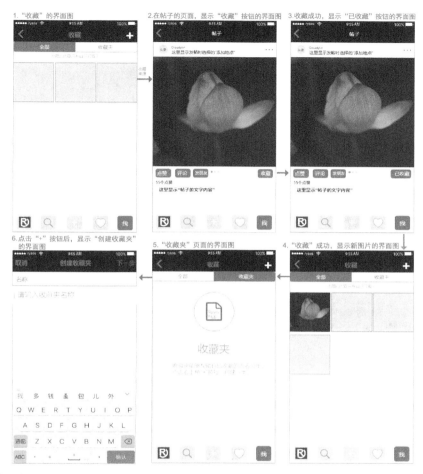

步骤详解

1. "收藏"的界面图：收藏页面的详细交互说明。

2. 在帖子的页面，显示"收藏"按钮的界面图：收藏来源于用户发布的主题帖子，点击"收藏"按钮后，该主题则放入自己的收藏夹。

3. 收藏成功，显示"已收藏"按钮的界面图：已收藏的内容，显示"已收藏"按钮。

4. "收藏"成功，显示新图片的界面图：收藏成功后，收藏的内容在收藏页面可以查看。

5. "收藏夹"页面的界面图：点击"收藏夹"，用户可以添加内容分类。

6. 点击"+"按钮后，显示"创建收藏夹"的界面图：用户输入收藏夹名称，即可创建收藏夹。

7.输入内容后，显示的界面图

8.在全部收藏的内容中选择内容加入
"love"收藏夹

9.点击"完成"按钮后，显示的界面图

12."编辑收藏夹"的界面图

11.点击"…"按钮后，显示的界面图

10."收藏夹"显示"love"收藏夹的界面图

步骤详解

7. 输入内容后，显示的界面图：输入内容 love 后，显示 × 按钮，"下一步"按钮可用。

8. 在全部收藏的内容中选择内容加入"love"收藏夹：点击"下一步"按钮后，显示的界面图。

9. 点击"完成"按钮后，显示的界面图：点击完成后，则选择的内容在 love 收藏夹显示。

10. "收藏夹"显示"love"收藏夹的界面图：在"收藏夹"页面，可见 love 收藏夹。

11. 点击"…"按钮后，显示的界面图：功能包括编辑收藏夹、加入新收藏内容、取消。

12. "编辑收藏夹"的界面图：点击"编辑收藏夹"，用户可以修改封面图片、名称，也可删除收藏夹。

7.16 "我"-"存档"的详细交互

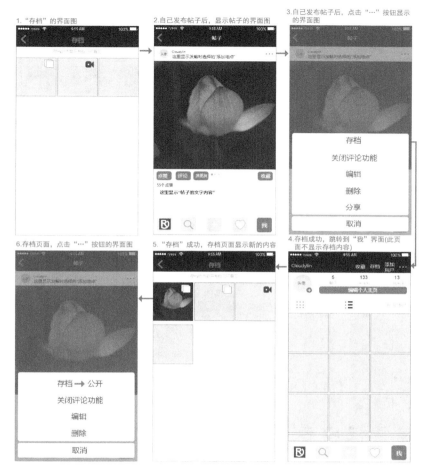

步骤详解

1. "存档"的界面图："存档"功能的详细交互说明。

2. 自己发布帖子后,显示帖子的界面图:进入到主题帖子的界面图,可见"…"功能按钮。

3. 自己发布帖子后,点击"…"按钮显示的界面图:点击"…"后,可见功能有存档、关闭评论功能、编辑、删除、分享、取消。

4. 存档成功,跳转到"我"界面(此页面不显示存档内容):点击"存档",则存档成功。

5. "存档"成功,存档页面显示新的内容:点击"存档"按钮,显示自己存档的内容。

6. 存档页面,点击"…"按钮的界面图:存档后,"存档"按钮变为"存档→公开"按钮。存档指自己发布的内容变为仅自己可以查看的内容。

7.17 "我"－"添加用户"的详细交互

步骤详解

1. **"添加用户"－"推荐"的界面图**：添加用户的详细交互说明。

2. **"添加用户"－"通讯录"的界面图（未开启访问）**：用户未开启通讯录访问权限，点击"通讯录"按钮，显示的界面图。

3. **手机"设置"－"隐私"－"通讯录"的界面图**：手机上开启本应用程序的通讯录权限。

4. **点击"隐藏"用户 BBB，显示的界面图**：隐藏用户 BBB 后，推荐用户不显示用户 BBB。

5. **点击关注后，"我关注"的人数增加的界面图**：关注某个用户成功后，"12 我关注"变为"13 我关注"。

6. **"添加用户"－"通讯录"的界面图（已开启访问）**：用户已开启通讯录访问权限，用户可直接查到使用本应用程序的通讯录用户。

7.18 "我"-"账户设置"的详细交互 1

步骤详解

1. "账户设置"（…）的界面图：账户设置的详细交互说明。

2. "快拍设置"的界面图：点击"快拍设置"按钮后，显示快拍设置的功能。功能内容包括隐藏快拍、允许回复信息、保存分享的照片。

3. "变更密码"的界面图：点击"变更密码"按钮后，用户需要输入旧密码和新密码、确认新密码，才能变更密码。

4. "已点赞的内容"的界面图：点击"已点赞的内容"，显示已点赞的内容。

5. "登录安全验证"的界面图：点击"登录安全验证"，显示邮箱验证码、手机验证码、指纹验证。开启后，登录需要验证。

6. "黑名单"的界面图：点击"黑名单"按钮后，显示我已经加入黑名单的用户。

7. "关联分享"的界面图：点击"关联分享"按钮后，经用户授权后，在本应用程序发布的内容，会同时发布至上述的应用平台。

8. "同步通讯录"的界面图：点击"同步通讯录"按钮后，显示的界面图。开启同步通讯录后将定期同步并存储到服务器上，用户便可以关注和沟通通讯录的朋友。

7.19 "我"－"账户设置"的详细交互 2

步骤详解

9. "多语言"的界面图：点击"多语言"按钮后，用户可以切换应用程序的语言。

10. "推送消息通知"的界面图：点击"推送消息通知"按钮后，可以设置点赞、评论、评论点赞的推送消息通知。

11. "手机流量模式"的界面图：点击"手机流量模式"按钮后，用户可以开启或关闭省流量模式。开启后，使用 4G 上网时，图片和视频将不会自动加载。

12. "过滤评论"的界面图：点击"过滤评论"按钮后，显示的过滤评论功能。

13. "切换账号"的界面图：点击"切换账号"按钮后，显示最近登录的账号和添加账号的功能；添加账号指使用其他账号登录。

14. "开源库"的界面图：点击"开源库"按钮后，显示使用开源的软件名和详细的说明。

7.20 "我"-"编辑个人主页"的详细交互

步骤详解

1. "我的界面图": "编辑个人主页"的详细交互说明。

2. "我"-"编辑个人主页"的界面图：点击"编辑个人主页"按钮后，显示的编辑个人主页界面图。内容包括头像、姓名、账号、个性签名、网站地址、商业业务功能、隐私信息。

3. "性别"选择的界面图：点击"性别"，用户可选择未选择、男、女。

4. 点击"换个头像"按钮后，显示的界面图："换个头像"的功能包括从 ×× 网站导入、从链接地址导入、拍一张、从相册选择、取消。

5. 点击"×× 网站导入"按钮，弹出的提示框："RYSOS 应用程序"想访问你 ×× 网站账户。

6. "从链接地址导入"的界面图：用户可以直接输入图片的地址。

7.21 "我"－"有我的相片"的详细交互

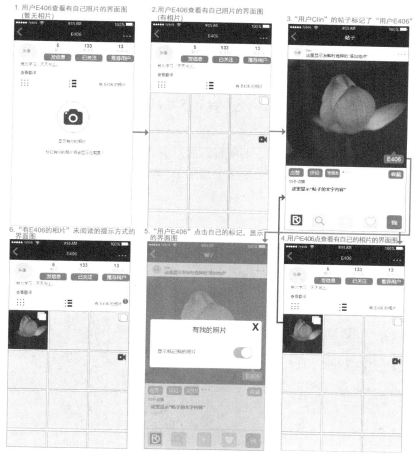

步骤详解

1. 用户 E406 查看有自己照片的界面图（暂无相片）：可见用户 E406 的照片内容暂无相片。

2. 用户 E406 查看有自己照片的界面图（有相片）：显示有标记用户 E406 的相片和视频。

3. "用户 Clin"的帖子标记了"用户 E406"：帖子可见标记用户"E406"。

4. 用户 E406 查看有自己的相片的界面图：用户 E406 点击"有 E406 的照片"按钮即可查看标记自己的主题帖子。

5. "用户 E406"点击自己的标记，显示的界面图：用户 E406 点击标记"E406"，显示标记我的的照片的设置。

6. "有 E406 的相片"未阅读的提示方式的界面图：在"有 E406 的相片"按钮右上角显示未读数量。

7.22　本章总结说明

社交系统本身不盈利，经过长时间成为一个大的互联网企业，再通过拓展盈利。专业的互联网企业运营三步曲：1.做好平台自身的功能和内容，累积用户群体；2.通过拓展功能和广告，维持平台的运作；3.逐渐增加商业功能。

用户为什么要去社交平台，究竟是什么吸引着用户呢？用户无非也是看内容，找另一个用户沟通和处理事务。当一个社交平台没有内容、没有其他用户，那就不是社交平台了。

交互设计师要使运营发布内容方便，要使普通用户查看内容舒适，要使广告商的广告有效果。交互设计师需要把系统的主要框架绘画出来，才能细化交互的细节，做出符合人性化的交互设计。

社交系统可以达到以下效果。

1. 用户可以拍照、拍视频，用户可以上传和查看照片和视频、直播。

2. 用户可以点赞、评论、收藏帖子内容。

3. 用户可以分享内容。

4. 有新的内容，可以开启或关闭发布通知。

5. 用户可以把不喜欢的人加入黑名单。

6. 用户账户设置相关的功能。

第8章 交互设计相关内容

交互设计是为了满足广大用户人机交互的好评。本人其实是不太认同这句话的，就如每天给你一颗糖，突然有一天不给或者给了另一个用户两颗糖，你就不开心或不爽。又如每年给同岗同职员工加薪，给别的同事加薪 2000 元，给你加薪 1000 元，你就不开心或不爽。

同理，正如系统给普通用户弹出广告，VIP 用户不需要弹出广告，普通用户就不开心或不爽。所以需要满足广大用户人机交互是不可能的。

8.1 交互设计的场合

交互设计一般分为两种使用场合：1. 商业用途的场合；2. 内部使用的场合。

商业用途的场合说明：做出来的交互设计是需要给公众看的，要想公众多看你的交互设计几眼，吸引公众的眼球，交互设计图必须配上 UI 设计图组成高保真的交互图。

内部使用的场合说明：做出来的交互设计只需要给公司内部的员工看（如产品部、设计部、研发部等），目的就是要让内部的员工明白和了解，便于做出这样的软件产品。交互设计师使用点线框的交互图即可。

软件项目的流程（瀑布式）如下。

1. 产品经理：输出流程图、功能说明。

2. 交互设计：按流程图、功能说明制作人机交互的 APP 交互界面。

3. UI 设计：将交互图做成设计图。

4. APP 开发：按 UI 设计图、交互图和流程图进行编码。

5. 开发人员：架构和开发底层，并提供数据库接口给 APP 开发人员。

6. 测试：输出测试用例和 BUG 文档。

7. 验收：测试和需求、相关人员验收。

8. 上线：上线后交付运营、运维运作。

8.2 交互设计的作用

我认为交互设计做到简单、易用、可用、减少人力、减少流程、减少步骤、减少沟通、减少等待时间，这些都是人与机之间交互的行为，如果能做到那么交互设计就可以称得上做到位了，就能体现出交互设计的作用和价值所在。

交互设计还可以帮助企业引进商业模式。有一个故事：有一家产品不错、包装精美的牙膏厂，一直都受到顾客欢迎，营业额连续 5 年递增，每年的增长率在 15% ～ 25%。可到了第 6 年，业绩停滞下来，往后 2 年也停滞。公司总裁召开高层会议，讨论对策。在会议中，公司总裁说："谁能想出解决问题的方法，让公司业绩增长，就重奖 10 万元"。有位设计部经理站起来，递给总裁一张纸条，总裁看完后，觉得方法可行，马上签了一张 10 万元的支票给了这位经理。那张纸条上写着："将现在牙膏开口扩大 1 毫米。若消费者每天早上和晚上挤出同样长度的牙膏，那么每天的使用量将多出很多。虽然只是设计上的改变，但我相信能使公司业绩增长。"公司立即更改包装。第 9 年，公司的营业额立即增加了 30%，又成为畅销产品。

（备注：案例思维来源于互联网）

设计上微不足道的 1 毫米竟然成了商业模式。同理，一个软件产品，交互设计师可以

把一个关键的按钮增加"1 毫米"也许吸引更多的点击量，提升购买率。交互设计师也可以把页面的某个地方增加声音，提升点击量，增加广告效果。通过软件产品的交互设计改进，也许可以使公司的营业额增加。

互联网企业对软件产品的要求已经逐渐提高，已有部份企业将交互设计师的岗位独立出来，不再由产品经理和设计师兼任。2017—2018 年常见招聘交互设计师的工作职责如下。

1. 负责原型的交互设计。

2. 规划和构思，归纳产品的交互需求。

3. 细化产品经理的产品需求。

4. 梳理界面结构、操作流程，并输出交互稿原型及相关文档。

5. 优化现有产品的易用性、可用性。

6. 制定交互设计规范，并推动交互规范有效执行。

7. 与产品经理、UI 设计师、开发和测试工程师沟通和确认。

8. 调研竞争对手和受欢迎、有创意的交互设计，引入到企业软件产品中。

由此可见，交互设计师的作用逐渐体现出来了。

8.3　交互设计的标准

学生时代写作文需要六要素：时间、地点、人物、事件、原因、发生过程。

做软件交互设计的六要素：谁（Who）、何时（When）、何地（Where）、何事（What）、为什么（Why）、过程如何（How）。

做交互设计前需要弄清楚六要素，才能做出解决问题的交互设计方案。

六要素	描述
谁（Who）	谁使用
何时（When）	什么时候会使用
何地（Where）	什么地方会使用
何事（What）	因何事会使用
为什么（Why）	为什么会使用
过程如何（How）	使用的过程如何，是否容易使用

例如：注册模块。

六要素描述

谁（Who）	想使用此软件应用程序的一般用户；注册模块管理的管理员
何时（When）	注册有没有时间限制（如有些企业只有上班时间才可以注册）
何地（Where）	注册的地方有没有限制（如只有国内的 IP 地址可以注册）
何事（What）	注册的动机；什么情况下用户才会注册
为什么（Why）	为什么要注册？因为注册后，用户能得到需要的资料内容
过程如何（How）	注册前：用户懂不懂注册；注册中：用户输入注册数据是否有提示，提交是否成功；注册后：用户是否保持经常使用软件，那就要看软件产品里面的内容

交互设计规范都是来自经验丰富的行内人制定规范，都经过长时间的验证，具有一定的参考价值。假如你有更好的想法，您也可以改变这些规范，成为交互设计规范的制定者。

可用性测试的国际标准 ISO 9241：特定的用户在特定的使用情景下，有效性、有效率、满意的使用产品达到特定的目标。

1. 有效性（Effectiveness）：用户使用软件系统完成各种任务所达到的精确度（Accuracy）和完整性（Completeness）。

2. 有效率（Efficiency）：用户按照精确度和完整度完成任务所耗费的资源，资源包括智力、体力、时间、地点、材料或经济资源。

3. 满意度（Satisfaction）：用户使用该系统的主观反应，描述了使用产品的舒适度和认可程度。

软件产品的交互设计满足有效性、有效率、满意度，那么交互设计就达到可用性的标准了。

作者自述

作者出生于 20 世纪 80 年代，本科主修计算机科学与技术，专科主修计算机软件。目前拥有证券基础知识和证券交易证书、Delphi 程序员开发证书、Micromedia Flash 和 Micromedia DreamWeaver 网页设计证书。

软件产品经验有 B2C 电商系统、C2C 团购系统、客户积分系统、短信收发系统、CRM 和 ERP 系统、OA 系统、员工薪酬系统、证券系统、物流系统、P2P 系统、信贷系统、理财系统、BLOG 系统、网站流量系统、论坛系统、FICO 财务系统、搜索引擎爬虫系统。

做软件产品的三要素：方法、工具、过程。

方法：完成软件开发各项任务的技术方法。

工具：为方法的运用提供自动的或半自动的软件支撑环境。

过程：为获得高质量的软件所需要完成的一系列任务的步骤。

同理，做交互设计的三要素：方法、工具、过程。

方法：完成交互设计各项任务的设计方法。

工具：为方法的运用提供自动的或半自动的软件设计支撑环境。

过程：为获得高质量的交互设计所需要完成的一系列任务的步骤。

本书分三部分撰写。

1. 交互设计使用的工具。

2. 交互设计的原型交互案例。

3. 交互设计相关内容。

本书介绍了 APP 的基础服务类、直播系统类、电商购物类、互联网金融类、社交系统类的交互设计的案例。基本上每一页只说一个交互流程、一个事项。希望看完本书后，读者有所收获。